Breve Atlas de los Faros del Fin del Mundo

BREVE ATLAS DE LOS FAROS DEL FIN DEL MUNDO

/ POR GONZÁLEZMACÍAS /

MENGUANTES

Breve Atlas de los Faros del Fin del Mundo

Impresión: Summa Gráficas

Impreso en España – Printed in Spain

Primera edición, octubre 2020
Duodécima edición, octubre 2025

www.menguantes.com

ISBN: 978-84-948534-3-2
Dep. legal: LE 227-2020

Índice

Indudablemente el Faro del Fin del Mundo era de luz fija, y no había temor a que el capitán de un barco la pudiera confundir con otra cualquiera, pues no existía ningún otro faro por aquellos parajes.

Julio Verne
El Faro del Fin del Mundo

Breve prólogo

CUANDO EN EL TRANSCURSO de una comida familiar comenté mi intención de escribir un libro sobre faros, mi padre me miró un tanto incrédulo y exclamó: «¿De faros? Pero si eres de secano como yo». Está en lo cierto. Nací en el interior de la Península Ibérica y excepto por unos breves años, he vivido siempre lejos del mar. Así que debo advertir al lector que detrás de estas páginas se esconde un impostor. Aunque me haya dejado seducir por los faros hace mucho tiempo, y a veces haya sentido la imperiosa necesidad de huir hacia algún cabo gallego o asturiano para atraparlos, probablemente como le haya ocurrido a usted, siento comunicarle, para su desgracia, que no soy ningún especialista en la materia.

Desde hace tiempo me apetecía confeccionar un libro con materiales que me son cotidianos: textos, dibujos, cartografías, imágenes... elementos habituales que pasan por mis manos en el trabajo del día a día. Tenía una idea rondando la cabeza, heredada de los libros que me han hecho disfrutar —atlas poéticos ilustrados con mapas y repletos de relatos fugaces capaces de hacernos viajar a lugares remotos desde el confort del sillón— pero necesitaba un motivo al que aferrarla. Si este libro sobre faros aislados está en sus manos, se debe a un par de casualidades. Por un lado recibí el encargo de diseñar la portada de un disco para un grupo de música llamado *North of South* e instintivamente me pareció oportuno dibujar la onírica imagen de varios faros erigidos sobre asteroides flotando en el cielo y arrojando luz sobre el espacio exterior. Al documentarme para realizar las ilustraciones, un chorro de extraordinaria belleza atrapó mi mirada. Contemplaba un faro tras otro y no podía dejar de admirarlos. La segunda razón fue encontrarme, también por una cuestión profesional, con la obra *Sexta Extinción. Atlas sobre biodiversidad ausente* de José Luis Viñas, un proyecto artístico que trata sobre la desaparición de algunas especies de aves. Fue así como me llegó el relato del *Xenicus Lyalli* y del faro en la isla de Stephens, que narra cómo misteriosamente desaparecen todos los ejemplares de un pequeño pájaro neozelandés. Me dejó tan fascinado que comencé a buscar más información sobre este extraño acontecimiento. Profundicé en la historia y, de alguna forma, la hice mía. Poco después me sorprendí contándosela a mis amigos. Eran señales inequívocas de que pronto estaría atrapado dentro de algún faro aislado, y de que me convertiría en algo parecido al protagonista del delicioso cuento de Ray Bradbury *La sirena (The Fog Horn)*, en el que un monstruo marino acude a la llamada del sonido y de la luz de una torre y emerge de las profundidades con la voluntad de abrazarla.

Hay algo hermoso y salvaje en estas arquitecturas imposibles. Tal vez porque intuimos que son seres agonizantes. Sus luces se extinguen, sus cuerpos se desmoronan. Y aunque muchos de estos centinelas siguen empeñados en cumplir la misión de alumbrar las aguas, hoy, las nuevas tecnologías de comunicación marítima hacen que su función sea cada vez más prescindible. Los barcos ya no necesitan estar bajo su romántica tutela y han llegado nuevos guías —satélites en órbita, navegación mediante GPS, *sonars*, radares— para hacernos olvidar que los faros han sido el hogar y lugar de trabajo de hombres y mujeres, en muchas ocasiones, anónimos. Con el paso del tiempo crece el número de señales que son automatizadas. Algunas de ellas abandonan su propósito original para transformarse en destinos turísticos. Otras con menos suerte son directamente desmanteladas. La mayoría de los fareros, símbolos de vigilancia y protección, han dejado atrás sus quehaceres. Aunque esta forma de vida esté a punto de desvanecerse nos quedarán sus historias. Las ruinas en forma de palabras de un tiempo en el que lo técnico y lo heroico eran una misma cosa. Porque en los faros, especialmente en los faros aislados, los humanos han estado siempre a merced de la voluntad de la naturaleza.

Así que esto no es solo un libro sobre faros. Es también una forma de vernos reflejados en el espejo de la condición humana, de cuestionarnos acerca de la experiencia de vivir en soledad, de reconocer la dependencia de los demás en el reto de la supervivencia, de explorar las miserias y las grandezas a las que podemos llegar en situaciones extremas. El vacío que sentimos al no estar amparados por nuestros semejantes es para algunos el infierno. En cambio, para otros como Charles Bukowski, «el aislamiento es el premio».

Julio Verne escribió la novela de aventuras *El faro del fin del mundo* inspirado por un pequeño faro que lució de forma efímera en la Patagonia a finales del siglo XIX. Describió la isla de los Estados sin haber puesto nunca un pie en territorio argentino —tampoco lo hizo en la luna, ni en el centro de la tierra, ni en el fondo del océano— y aun así construyó un magnífico relato. De forma similar he buceado durante casi dos años en un mar de información, intentando distinguir las luces de las sombras para hacer verosímiles unas historias algunas veces difícilmente demostrables. Nada hay inventado y todo lo escrito en este libro ha sido escrito antes en algún otro lugar. A pesar de no haber estado nunca en uno de estos aislados faros me he permitido tratarlos como si los conociera y he sentido —desde la comodidad contemporánea— la tempestad azotando las ventanas, el aislamiento presentándose detrás de las tormentas y la soledad acechando entre la niebla.

De la pared cuelga un enorme mapamundi Michelin. En estos tiempos extraños, cada día dejo que la mirada se pierda sobre su superficie y el azar me guíe. La lectura de un nombre escrito al lado de un punto negro o la observación de un espacio demarcado por una línea me obliga a iniciar un imaginario viaje y fugazmente me traslado hasta allí. Quizá por eso este proyecto está concebido como un atlas. Pero, a diferencia de la infinita extensión que creo ver en mi mapa, este libro es breve y limitado. Elegir cuáles de los puntos se señalan sobre el plano y cuáles no, ha sido una de las cuestiones más complicadas. Soy consciente de que muchos faros notables y atractivos capaces de transmitir cautivadoras historias se han quedado fuera de este libro.

Espero que, a través de estas historias, dibujos y cartas de navegación, experimente un viaje épico hacia lugares y tiempos lejanos, y disfrute tanto como yo lo he hecho del confinamiento, a veces reconfortante, a veces tenebroso, que le ofrecerán estas páginas.

José Luis González Macías
Septiembre 2020

15
12
4
26
20
28
13
9
17
33
10
29
25
22
32
19
5
8
14
23
7
18
24
6
11
27

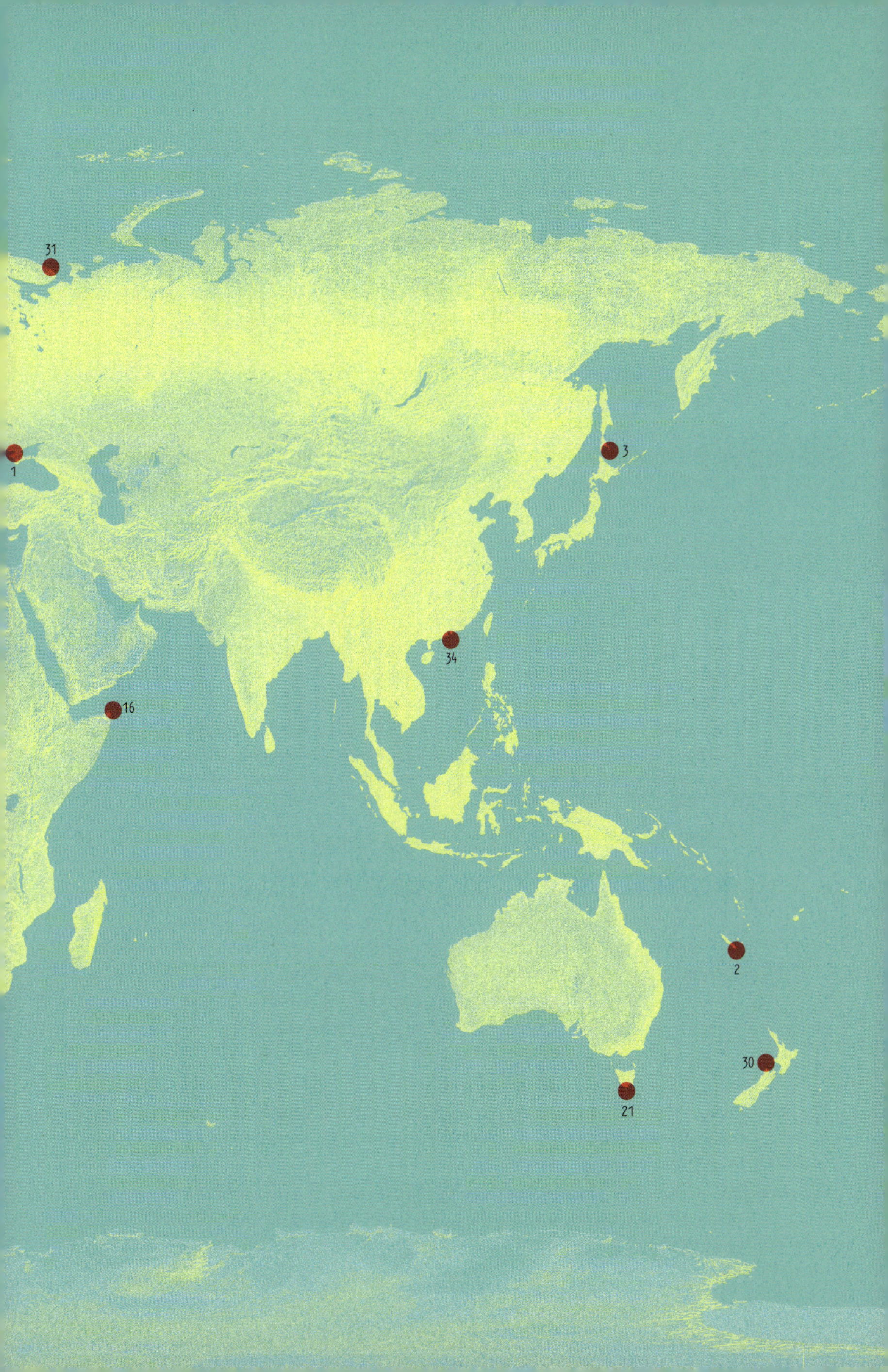
31
1
3
34
16
2
30
21

1 Faro de Adziogol

Rybalche, Óblast de Jersón (Ucrania)

En las proximidades de Rybalche finaliza la carretera asfaltada. Más allá se encuentran las arenas de Kinburn, un lugar alejado de la civilización en el que se suceden dunas doradas, salinas costeras y bosques de coníferas. Estas tierras esteparias fueron habitadas por las amazonas. Según Heródoto, solo Hércules logró derrotarlas.

Aguas adentro, a un kilómetro y medio de Rybalche, donde el río Dniéper se une al mar Negro, emerge una esbelta estructura desde hace más de cien años. Su presencia es todavía necesaria. Pilotar un barco hasta Jersón, remontando un Dniéper envuelto en la persistente niebla de otoño, implica una travesía laberíntica entre islotes fluviales, intrincadas mangas y canales dragados en un complejo estuario.

Es probable que, a cambio de algo de dinero, unas latas de cerveza y unos litros de gasolina, un viajero curioso consiga que algún pescador local lo acerque hasta el faro. Con suerte, se adentrará en la colosal armadura, una trama metálica roja y brillante, y ascenderá, como si trepara por las alas de un gigantesco insecto, la angosta escalera. Recluido en la base de la torre descansa un pequeño refugio para los fareros. Aunque los guardianes podían acceder diariamente al faro desde la costa, navegando en un bote en las estaciones cálidas o caminando sobre el hielo en el invierno, a veces, los repentinos cambios de tiempo hacían imposible, durante semanas, su regreso. Nada hay aquí innecesario.

Vladimir Shukhov trazaba líneas con la precisión de las mujeres ucranianas que hilvanaban los hilos de sus *justkas*. Al observar sus estructuras, dibujadas sobre papel, hubiera sido lógico pensar que se desmoronarían si una brisa ligera soplase en la dirección adecuada. Sin embargo, sus trazos eran tan finos como firmes. A finales del siglo XIX imaginó torres, tejados, pabellones y edificios capaces de sostenerse con el menor número de materiales posibles. Consiguió insuflar vida a unos sencillos armazones fabricados con mallas de acero y los transformó en arquitecturas extraordinarias, orgánicas, livianas, no sujetas a las reglas del tiempo.

Estos diseños hiperboloides sintetizaron eficacia, simplicidad y elegancia y, después de la revolución de 1917, imbuyeron la arquitectura soviética con el espíritu constructivista. Shukhov es considerado uno de los ingenieros rusos más sobresalientes de la historia.

El faro de Adziogol fue urdido como una cesta de mimbre. Con cientos de huecos que se abren al paso del viento.

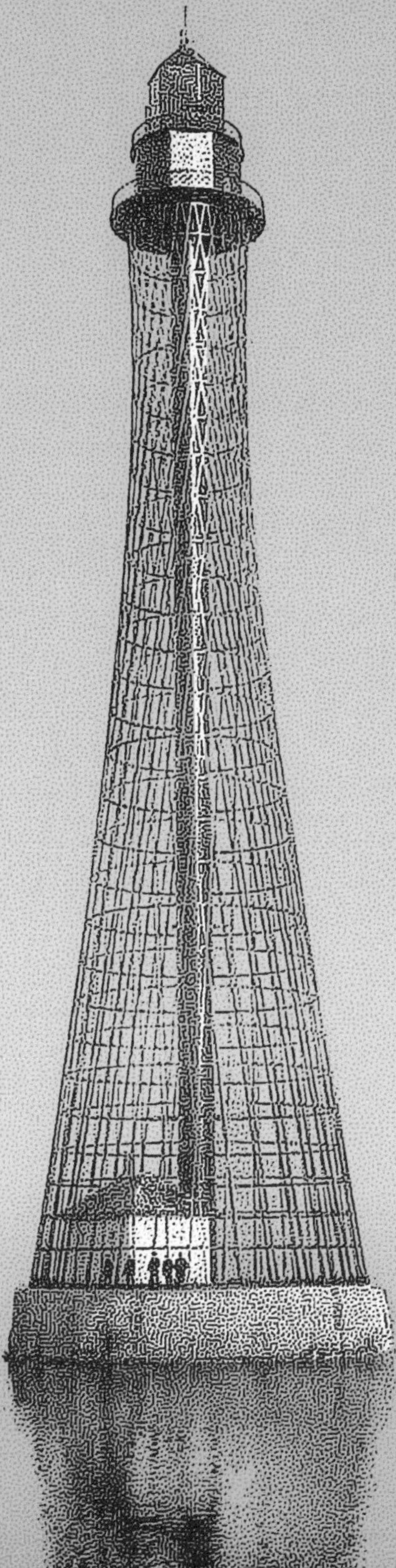

PLANO FOCAL DE LA LUZ

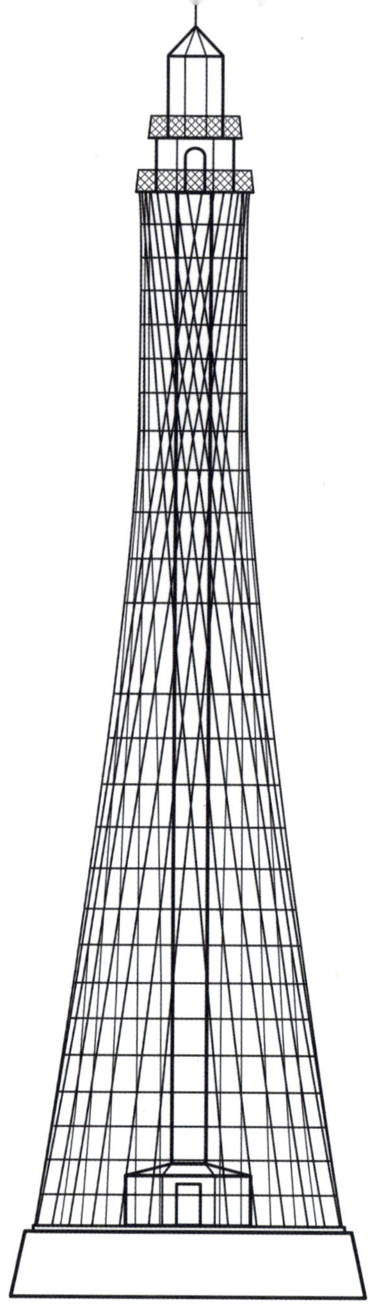

NIVEL DEL MAR

1

Faro de Adziogol

MAR NEGRO

EUROPA

46° 29′ 32′′ N
32° 13 ′57′′ E

Ingeniero: Vladimir Shukhov
Construcción: 1908-1911
Encendido: 1911
Activo
Torre hiperboloide de acero
Altura de la torre: 64 m
Altura del plano focal: 67 m
Alcance de luz: 19 mn
Luz característica: blanca fija

Adziogol tiene varios récords de altura. Es la estructura de una sola sección más alta construida por Shukhov. También es el faro más alto de Ucrania, el decimonoveno del mundo y el más alto de este libro.

Si se construyera la Torre Eiffel con una estructura hiperboloide similar a la del faro de Adziogol pesaría tres veces menos.

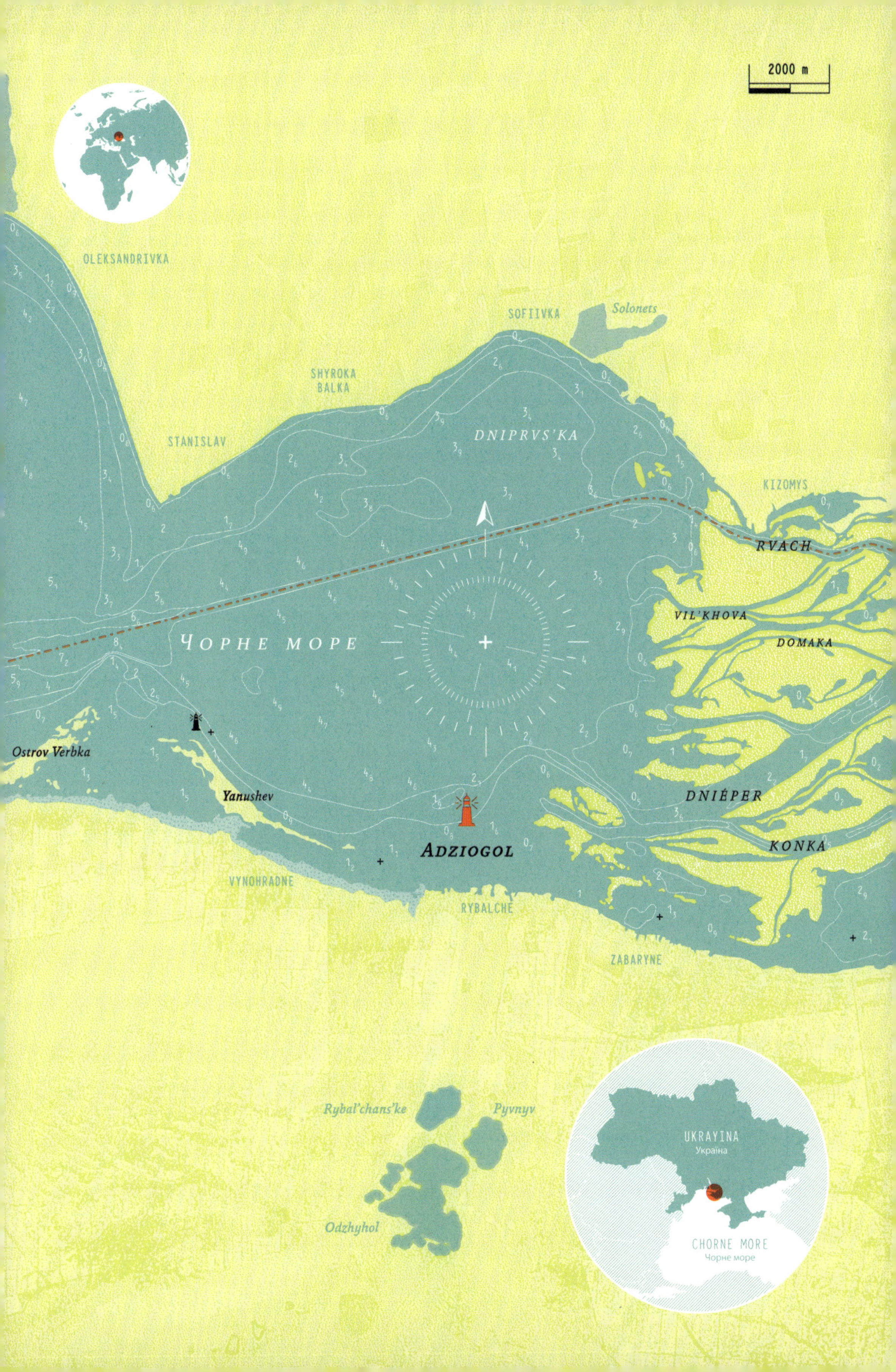
2000 m
OLEKSANDRIVKA
SOFIIVKA
Solonets
SHYROKA
BALKA
STANISLAV
DNIPRVS'KA
KIZOMYS
RVACH
VIL'KHOVA
DOMAKA
ЧОРНЕ МОРЕ
Ostrov Verbka
Yanushev
DNIÉPER
ADZIOGOL
KONKA
VYNOHRADNE
RYBALCHE
ZABARYNE
Rybal'chans'ke
Pyvnyv
Odzhyhol
UKRAYINA
Україна
CHORNE MORE
Чорне море

2 Faro de Amédée

Amédée, Numea, Nueva Caledonia (Francia)

Sobre el peligroso arrecife de Roches-Douvres, a casi cuarenta kilómetros de las costas de la Bretaña francesa, se levantó en 1867 un gran faro de hierro fundido. Esta torre iluminó las aguas entre dos islas, Bréhat y Guernsey, hasta que fue destruida por tropas alemanas en 1944. Afortunadamente, el antiguo faro de Roches-Douvres conserva un hermano gemelo en las antípodas.

El imperio francés colonizó Nueva Caledonia a mediados del siglo XIX. Encontró en esta isla, ya explorada en los viajes de Cook y La Pérouse, el territorio ideal para ubicar una prisión —menos infame que la de la Guayana— a la que trasladar convictos peligrosos y presos políticos sentenciados tras las crecientes revueltas populares en Francia. Los legisladores calificaron este paraíso terrenal, antes frecuentado por balleneros, traficantes de sándalo y pescadores furtivos, como *uno de los lugares de tierra más limpia para recibir centros penitenciarios.*

La entrada al puerto de la recién fundada ciudad de Numea estaba protegida por un vasto arrecife. Navegar el paso de Boulari, entre cientos de islotes de coral y constantes cambios de oleaje, no estaba exento de dificultad y pronto naufragios como el de *L'Aventure* motivaron la necesidad de erigir un faro. Aunque la pequeña isla de Amédée fue elegida para su emplazamiento, la torre comenzó a gestarse muy lejos de allí, a más de dieciséis mil kilómetros, en la metrópoli que se proclamaba como la ciudad de la luz.

En París, la compañía Rigolet construía las estructuras metálicas que más tarde se transportaban por piezas hasta la costa, y los talleres del relojero Henry Lepaute, además de los mecanismos giratorios, fabricaban las ópticas diseñadas por Augustin Fresnel gracias a las cuales los mares de todo el mundo se inundaban de luz.

La torre destinada a Nueva Caledonia se elevó majestuosamente en el barrio de Villette en 1862 y durante ese verano los vecinos de la capital vislumbraron su silueta antes de que lo hicieran los marineros. Dos años después, fue empaquetada en mil doscientas cajas. Las casi cuatrocientas toneladas de carga descendieron el Sena en barcazas hasta el puerto de Le Havre y cruzaron los mares en la oscuridad de la bodega del buque *Émile Pereire.* El progreso en forma de luz llegó hasta la nueva colonia. El 15 de noviembre de 1865, el faro de Amédée se inauguró con oficios religiosos, pomposidad militar y aparentes discursos de las autoridades.

Gracias a esta señal luminosa los barcos con prisioneros políticos arribaron seguros a Nueva Caledonia. Quién sabe si algún ciudadano francés contempló este faro mientras paseaba por París y, tiempo después, atisbó su luz desde una celda de Numea.

PLANO FOCAL DE LA LUZ

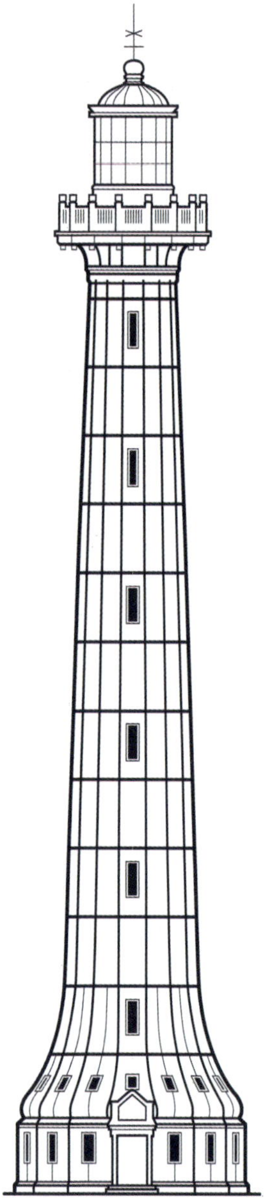

NIVEL DEL MAR

2

Faro de Amédée

Mar del Coral

Océano Pacífico

Oceanía

22° 28′ 38′′ S
166° 28′ 05′′ E

Construcción: 1862
Encendido: 1865
Automatizado: 1985
Activo
Torre cónica de hierro fundido
Altura de la torre: 56 m
Altura del plano focal: 59 m
Alcance de luz: 24,5 mn
Luz característica:
dos destellos blancos cada 15 s

Desde Amédée es posible enviar una carta. La torre cuenta con una pequeña oficina de correos y tiene su propio sello dedicado al faro.

La escalera de caracol que conduce a la terraza y a la linterna tiene 247 escalones de hierro forjado.

Récif de Prony
Mont Téréka
NOUMÉA
2000 m
Baie de Boulari
Île Ngéa
Pointe Magnin
Nge
Croissant
Maître
Crouy
Île aux Goélands
Les Quatre Bancs du Nord
GRAND RÉCIF ABORE
Récif Ka
Les Quatre Bancs de l'Ouest
Récif Tabu
AMÉDÉE
Récif To
Récif Le Sournois
NOUVELLE CALÉDONIE
CORAL SEA
Récif Toombo

3

Faro de Aniva

CABO ANIVA, ÓBLAST DE SAJALÍN (RUSIA)

EN LA INABARCABLE OSCURIDAD DE LOS MARES de la URSS, los navegantes se guiaban por los escasos y distantes faros que alumbraban sus aguas. El alto coste del mantenimiento de estas estaciones, cuyo abastecimiento energético resultaba a veces inviable, forzó a los dirigentes soviéticos a elegir una arriesgada alternativa que garantizase su actividad. Durante la guerra fría, las luces de más de ciento treinta faros rusos fueron alimentadas por RTG —generadores termoeléctricos de radioisótopos—. Estos dispositivos se asemejan a una central nuclear en miniatura y producen electricidad a partir del calor generado por la desintegración de material radioactivo. Los RTG se han utilizado frecuentemente en satélites, sondas espaciales e instalaciones remotas; lugares inaccesibles donde es complicado cambiar una batería.

LA ESTRECHA Y ALARGADA ISLA DE SAJALÍN, habitada por japoneses, rusos y chinos, se mantuvo en disputa desde el siglo XVII, pero al finalizar la Segunda Guerra Mundial su territorio se anexionó a la URSS. En su extremo Suroeste se levanta desde 1939 un singular faro japonés, llamado originalmente Nakashiretoko. Una torre que, como si del castillo de un cuento de hadas se tratara, el ingeniero Shinobu Miura colocó delicadamente sobre la roca Sivuchya frente al abrupto cabo Aniva. Pero los nipones se ocuparon de su luz durante apenas una década. Tras la firma del tratado de San Francisco fueron obligados a retirarse de la isla. El faro se mantuvo en funcionamiento cuarenta años más, gracias al trabajo de los operarios rusos y a la energía suministrada por los motores diésel, hasta que en los años noventa —cuando la bandera soviética es arriada del Kremlin— se automatiza con un generador nuclear de radioisótopos. Los fareros abandonaron de un día para otro las instalaciones y los libros de registro, olvidados en Aniva, enmudecieron para siempre.

HACE MÁS DE DIEZ AÑOS QUE LA LUZ no está operativa. Sin su fulgor, miles de aves marinas se han adueñado de la torre. El paso del tiempo ha dejado huellas en las instalaciones desoladas: paredes desconchadas, óxidos en las estructuras, antiguos motores saqueados y vidrios rotos en las ventanas. Aniva es un faro que se desploma lentamente sobre el mar. Hasta sus proximidades llegan pequeños barcos con atrevidos turistas en busca de lugares abandonados, una actividad que los japoneses denominan *haikyo*. Si el mar lo permite, se hacen *selfies* bajo sus ruinas.

Aunque las autoridades aseguran que el generador de radioisótopos ha sido desmantelado, sobre uno de sus muros, con grandes letras blancas escritas a mano, aún puede leerse: *¡Peligro, radiación nuclear!*

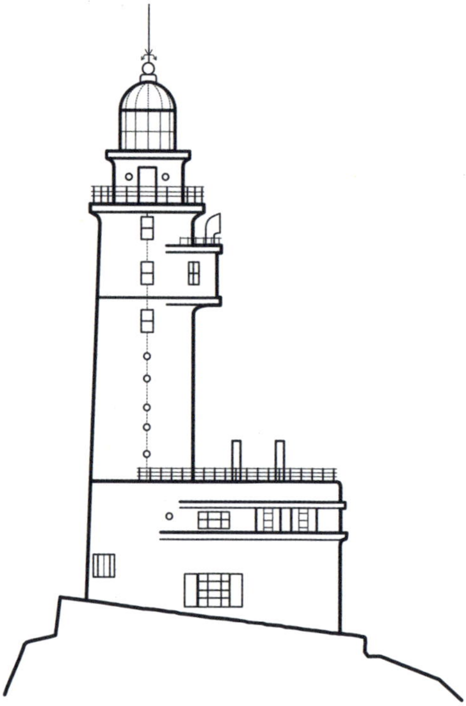

3

Faro de Aniva

Mar de Ojotsk

Océano Pacífico

Asia

46° 01′ 07′′ N

143° 24′ 51′′ E

Ingeniero: Shinobu Miura
Construcción: 1937-1939
Encendido: 1939
Automatizado: 1990
Desactivado: 2006
Torre cilíndrica de hormigón
Altura de la torre: 31 m
Altura del plano focal: 40 m
Alcance de luz: 15,2 mn

Cincuenta años antes de la construcción del faro, Antón Chéjov viajó a la isla de Sajalín. La describió como un *infierno helado*.

Es posible llegar hasta el faro en una embarcación a motor desde la población de Novikovo, situada a unos cuarenta kilómetros por mar.

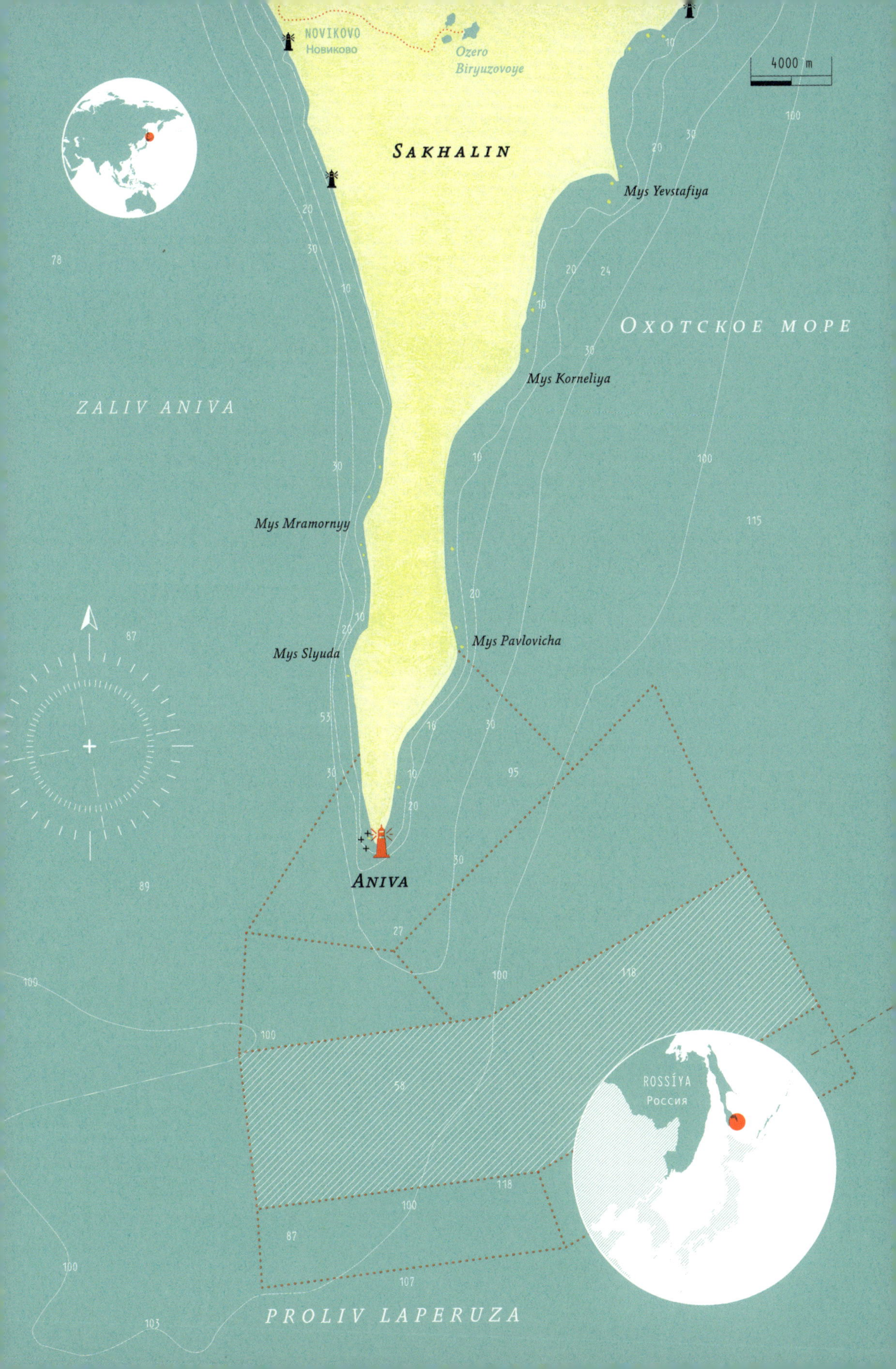
NOVIKOVO
Новиково
Ozero
Biryuzovoye
4000 m
SAKHALIN
Mys Yevstafiya
Охотское море
ZALIV ANIVA
Mys Korneliya
Mys Mramornyy
Mys Pavlovicha
Mys Slyuda
ANIVA
ROSSÍYA
Россия
PROLIV LAPERUZA

4 Faro de Bell Rock

Roca de Inchcape, Arbroath, Escocia (Reino Unido)

Según una leyenda, el abad de Arbroath colocó una campana accionada por el oleaje sobre la roca de Inchcape para advertir a los barcos de la peligrosa presencia de un arrecife oculto, la mayor parte del tiempo, bajo las aguas. Un pirata llamado Ralph la tomó prestada, se olvidó del hurto y naufragó años después, en este mismo lugar, cuando regresaba a puerto cargado con un botín.

Como si caminasen sobre las aguas del mar del Norte, sesenta hombres se afanan por horadar una roca. Se encuentran con el agua hasta las rodillas a dieciocho kilómetros de la costa más cercana. Avanzan tan rápido como pueden, pues en solo dos horas la marea los cubrirá por completo. Antes de que eso suceda regresan al *Smeaton* y al *Pharos* fondeados en una zona cercana y pasan el resto del día sumidos en los balanceos del oleaje. Al llegar el otoño han excavado una base de trece metros de diámetro y han construido unos cobertizos que les permitirán alojarse y guardar materiales durante la próxima temporada de trabajos. El siguiente verano consiguen asentar la primera piedra. Una a una, colocarán otras dos mil quinientas más para levantar el faro. Cada piedra pesa una tonelada. Ha sido tallada cuidadosamente y asegurada con clavijas de madera para que, a modo de rompecabezas, encaje con la anterior.

Las obras se prolongan durante tres años más y se suceden accidentes mortales, deserciones de trabajadores incapaces de soportar las inclemencias del mar y motines laborales motivados por la escasez de cerveza. Finalmente, la luz de Bell Rock se encendió el 1 de febrero de 1811.

Bell Rock es el faro más antiguo levantado sobre mar abierto que permanece en pie. Su fortaleza es fruto de un esfuerzo colectivo de gentes anónimas: obreros, marineros, capataces, canteros... aunque el éxito de su construcción se lo atribuyen dos hombres. Robert Stevenson —abuelo del famoso autor de *La Isla del Tesoro*—, joven, impetuoso y, tal vez, un poco arrogante, soñó erigir un faro en un lugar cuya conquista parecía imposible. Planificó el proyecto, convenció a la Junta de Faros del Norte de su viabilidad y se mantuvo al frente de las obras, soportando sus rigores y sus riesgos. John Rennie, el ingeniero jefe, apenas visitó la roca. Desde su oficina de Londres avaló los cálculos y planteó soluciones técnicas para que el armazón resistiera las severidades del mar escocés.

Aunque de forma indirecta, el diseño del faro tuvo que ver con el encuentro de un hombre y un árbol. Bell Rock tomó como modelo los planos de la torre que cincuenta años antes había sido elevada sobre el aislado arrecife de Eddystone en la costa Sur de Inglaterra. John Smeaton, su ingeniero, dibujó su estructura tras presenciar cómo un viejo roble permanecía erguido, sin doblegarse, en mitad de una fuerte tormenta.

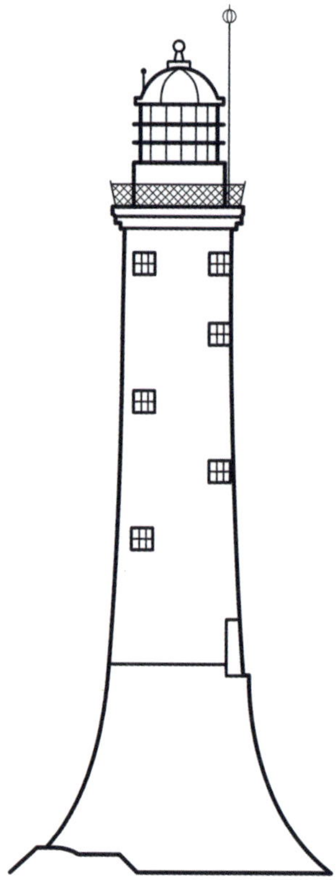

4

Faro de Bell Rock

Mar del Norte
Océano Atlántico
Europa

56° 25′ 58′′ N
02° 23′ 17′′ O

Ingeniero: Robert Stevenson
Construcción: 1807-1810
Encendido: 1811
Automatizado: 1988
Activo
Torre cilíndrica de granito de Aberdeen
Altura de la torre: 35,3 m
Altura del plano focal: 28 m
Alcance de luz: 18 mn
Luz característica:
un destello blanco cada 15 s

Según la autora y productora de la BBC Deborah Cadbury, Bell Rock es una de las Siete Maravillas del Mundo Industrial, junto al puente de Brooklyn, la presa de Hoover o el canal de Panamá.

En 1819 Stevenson encarga al pintor paisajista William Turner una obra sobre Bell Rock. El famoso artista, que según la leyenda se hizo atar al mástil de un barco durante un temporal para pintar *Tormenta de nieve sobre el mar*, realiza una acuarela desde su estudio, sin llegar a visitar el faro.

Deil's Heid
ARBROATH
EAST HAVEN
2000 m
NORTH SEA
BELL ROCK
AINT ANDREWS BAY
UNITED
KINGDOM
WORMISTON

5

Faro de Buda

Isla de Buda, San Jaime de Enveija, Tarragona (España)

La isla de Buda es una isla móvil, se desplaza lentamente por el Mediterráneo. Avanza y retrocede; merma y crece con el paso del tiempo. Buda es una isla nacida del cieno. Brotó del fondo del delta a principios del siglo XVIII por la paciente acumulación de sedimentos en la desembocadura del Ebro. Llegó a ocupar casi mil quinientas hectáreas y a finales de los años cincuenta del pasado siglo, unas cuarenta familias se instalaron allí para cultivar arroz. Hoy los arrozales continúan creciendo sobre la tierra, pero las fiestas mayores, la misa en la capilla y el equipo de fútbol han desaparecido; apenas queda gente.

Antes de que las luces llegaran, los barcos embarrancaban frecuentemente en aquellas movedizas arenas. Atrapados en un limo grisáceo, tras una larga agonía, se precipitaban al fondo. En el siglo XIX tres faros metálicos se asentaron sobre el tembloroso litoral, amarrados en pilotes de rosca, para alumbrar el delta del Ebro. Uno al Norte, en la punta de El Fangar, otro al Sur en la punta de La Baña, y el más radiante, al Este, en la isla de Buda.

La factoría de John Henderson Porter fabricó en Birmingham un faro metálico soñado por un madrileño, el arquitecto Lucio del Valle. La torre, la más alta de este tipo, viajó en barco desde Inglaterra y elevó sus ciento ochenta y siete toneladas a orillas del Mediterráneo. En noviembre de 1864 un farero ascendió trescientos sesenta y cinco peldaños hasta la linterna y prendió por primera vez la mecha de una lámpara Degrand alimentada por aceite de oliva. Después, durante casi un siglo, los fareros de Buda subieron esas mismas escaleras cada ocho horas para dar cuerda al mecanismo giratorio que controlaba la óptica.

El faro de Buda se emplazó en el extremo del cabo Tortosa a pesar de que, si el delta crecía demasiado rápido, la luz quedaría pronto alejada del mar. Los sedimentos avanzaron sin pausa durante veinte años. Para entonces el faro estaba tan adentrado en la isla que desde su base no se veían las olas. Pero hacia 1940 el mar comienza a devorar con fuerza el delta. Los embalses, las centrales hidroeléctricas y los canales de regadío restaron toneladas de aluviones a la desembocadura del Ebro. Y los temporales y las crecidas obligaron al litoral a batirse en retirada. La isla menguó y poco a poco el faro se internó en el mar.

Resistió la dinamita colocada por el ejército republicano durante la guerra civil española. Aguantó años de óxido y corrosión con los cimientos sumergidos. Pero una tempestad se lo llevó definitivamente el día de Navidad de 1961. Ahora otro faro luce más allá del cabo Tortosa. El antiguo faro metálico yace a unos cuatro kilómetros de la costa y descansa olvidado, *iluminando* un fluctuante fondo marino.

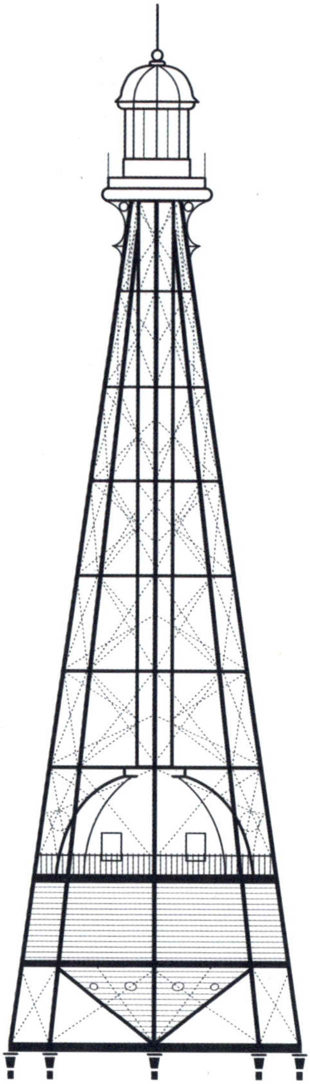

PLANO FOCAL DE LA LUZ

NIVEL DEL MAR

5

Faro de Buda

MAR MEDITERRÁNEO

EUROPA

40° 43′ 07′′ N

00° 54′ 55′′ E

Ingeniero: Lucio del Valle
Construcción: 1864
Encendido: 1864
Desactivado: 1961
Torre cilíndrica de hierro forjado
Altura de la torre: 50 m
Altura del plano focal: 53 m
Alcance de luz: 20 mn

En la Universidad Politécnica de Madrid se conserva una maqueta del faro de Buda de unos dos metros y medio de alto. Fue construida en Barcelona y se presentó —junto a maquetas de otros faros españoles como Finisterre, Corrubedo, Torre de Hércules, Cabo de Palos, Sisargas o isla del Aire— en la Exposición Universal de París de 1867.

Punta de l'Àliga
Punta Espín
Cap Roig
2000 m
Golf de l'Ampolla
L'AMPOLLA
El Fangar
L' Estrela
RUIMAR
San Antonio
Cap Tortosa
DELTEBRE
Illa de Gràcia
LA CAVA
DELTA DEL EBRO
SANT JAUME
D'ENVEJA
Buda
Río Ebro
El Clot
La Tancada
Encañizada
POBLENOU
DEL DELTA
El Trabucador
Salinas
Baña
MAR MEDITERRÁNEO
ESPAÑA

6

Faro de Cabo Blanco

Cabo Blanco, Puerto Deseado, Santa Cruz (Argentina)

La Ruta Provincial 91, un camino impredecible cubierto de ripio y barro, muere al borde de un peñón rocoso. Desde allí hasta Puerto Deseado —noventa kilómetros de llanura barrida por el viento— es casi imposible cruzarse un alma. El afloramiento de piedra se extiende de Norte a Sur. Emerge sobre la costa como la escamosa espalda de un dragón. Los ojos de Fernando de Magallanes, Sir Francis Drake, Henry Cavendish o Charles Darwin escudriñaron su amenazante silueta desde el océano sin atreverse a tocar tierra. A los pies de la roca, en la cara opuesta al mar, descansa un pequeño cementerio. Ocho cruces sin nombre y la figura de una virgen callan quién yace bajo este árido suelo.

Hay un faro coronando el peñasco. Ciento quince escalones ascienden desde el camino hasta la base de la torre. Y aún quedan noventa y cinco escalones más para llegar a tocar la luz. Desde el balcón de la linterna, si la vista pudiera alcanzar quinientos kilómetros, al mirar al Sureste en dirección al mar, se divisarían las Malvinas. Mucho más cerca, si su faro no hubiera sido abandonado hace más de un siglo, se vislumbrarían los destellos de la isla Pingüino. Pero si la mirada retrocediera en el tiempo, de espaldas al mar, además del cementerio, contemplaría la actividad de una mina de sal, una oficina de telégrafos, un juzgado de paz y un campo de rugby. En la noche, la luz del faro arranca de la oscuridad sus ruinas de la misma forma que ilumina el descanso de los lobos marinos sobre la playa. Esa luz se desvanece hacia el interior donde comienza o acaba —nunca se sabe— la Patagonia. Este es el más solitario e inhóspito de los faros argentinos.

A la luz de la linterna se cuenta una historia de fantasmas. En los años cincuenta, uno de los cuidadores del faro, alférez de la armada, era conocido por su costumbre de escribir a máquina. Un mal día, fue encontrado abatido sobre ella aquejado de terribles dolores. Su compañero corrió a buscar ayuda, pero antes de que esta llegara, el enfermo ya había fallecido. Desde entonces, el sonido de las teclas de una máquina de escribir rompe el silencio de las noches y es posible escuchar un mecanografiado mensaje de advertencia para quien no soporte la soledad.

El viejo faro estuvo a punto de ser abandonado, pero la luz permanece activa y los hombres la atienden con diligencia. La casa de los fareros tiene vistas al mar. Es grande; tan amplia que casi cabe de todo: una estufa de gas, una mesa de *ping-pong*, un tablero de ajedrez y una antigua máquina de escribir Remington con su cinta entintada de negro.

PLANO FOCAL DE LA LUZ

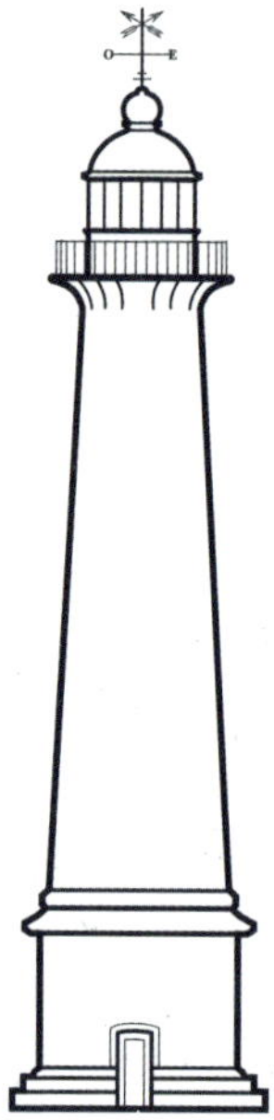

6

Faro de Cabo Blanco

OCÉANO ATLÁNTICO

AMÉRICA DEL SUR

47° 12′ 01′′ S
65° 44′ 03′′ O

Construcción: 1915-1917
Encendido: 1917
Activo
Torre troncocónica de ladrillo
Altura de la torre: 26,7 m
Altura del plano focal: 67 m
Alcance de luz: 13,9 mn
Luz característica:
un destello blanco cada 10 s

El Cabo Blanco es citado en la novela de Julio Verne *Viaje al centro de la tierra*, aunque en 1864, año de su publicación, el faro todavía no existía.

Se necesitaron 110.000 ladrillos trapezoidales para levantar la torre. Salieron de la misma fábrica que los utilizados en el metro de Buenos Aires y la catedral de La Plata.

Hay otro faro de Cabo Blanco situado en la isla de Mallorca que marca el extremo oriental de la bahía de Palma.

LA LÍNEA DEL NIVEL DEL MAR ESTARÍA SITUADA POR DEBAJO DE ESTA PÁGINA

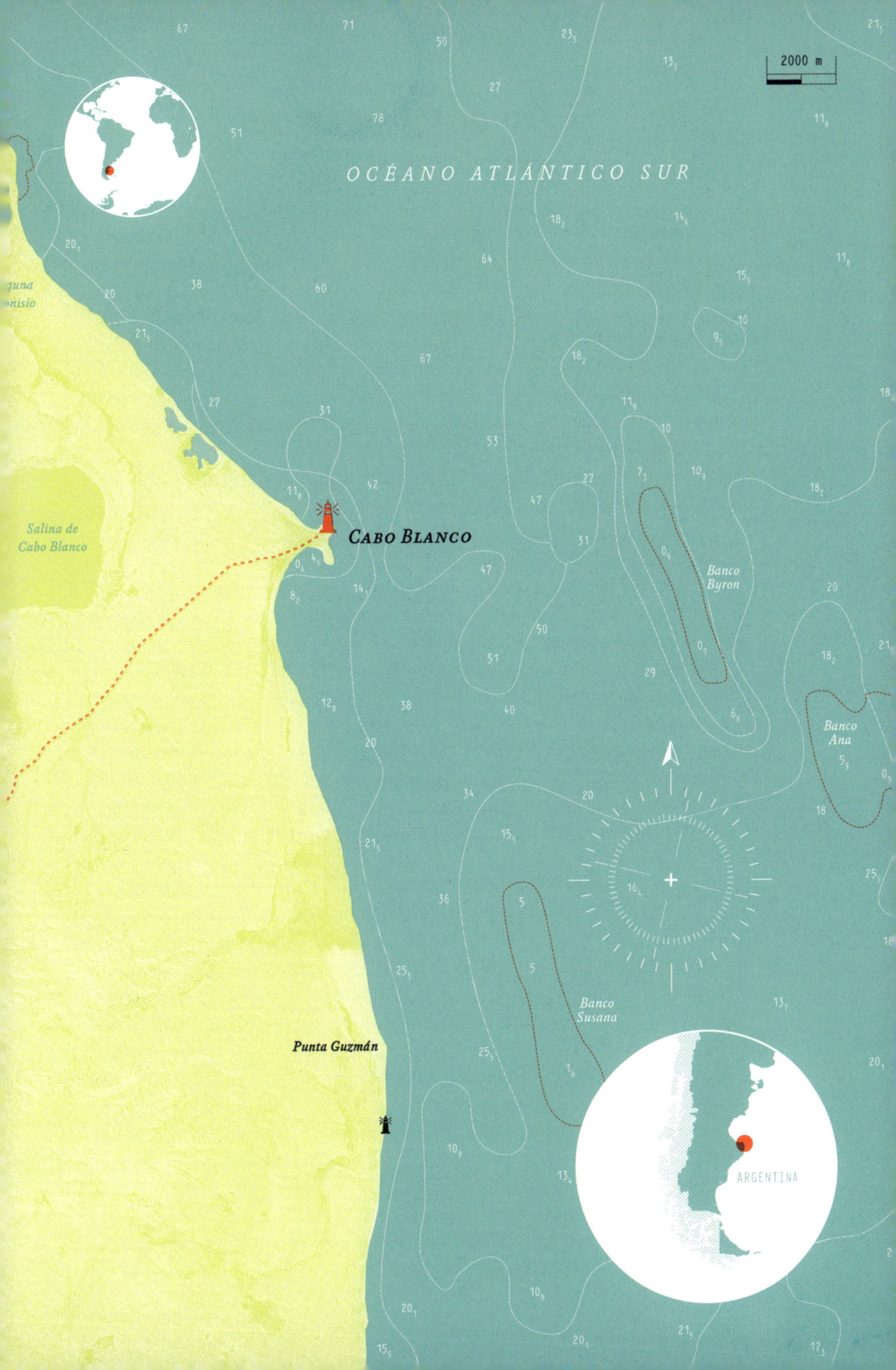

2000 m
OCÉANO ATLÁNTICO SUR
Salina de Cabo Blanco
CABO BLANCO
Banco Byron
Banco Ana
Banco Susana
Punta Guzmán
ARGENTINA

7

Faro de Clipperton

Isla de Clipperton, Polinesia Francesa (Francia)

Como paraíso tropical, Clipperton —llamada por los franceses *île de la Passion*— goza de escasa popularidad. Perdida en la inmensidad del Pacífico, apesta a amoniaco, es azotada por huracanes, sus playas están invadidas por cangrejos, y sus aguas, infestadas de tiburones. Su pequeño faro ha sido irrelevante en la historia de las señales de navegación marítima pero los sucesos de los que fue testigo no se los ha llevado el viento. Para constatarlos se conserva una fotografía tomada en 1917 sobre la cubierta de un barco de guerra en la que están retratados cuatro mujeres y siete niños; sus últimos habitantes.

Hacia 1906 un pequeño destacamento militar mexicano y sus familias se instalan allí para reclamar la soberanía. Al mando se encuentra Ramón Arnaud, un joven sargento que se vanagloria de ser el gobernador del remoto lugar. Al estallar la revolución en México, el único barco que les abastece es incendiado por los insurgentes y las esperadas provisiones acaban en el fondo del mar frente a las costas de Mazatlán. Sin noticias de lo ocurrido y abandonados a su suerte, los isleños sufren desnutrición y escorbuto. Durante más de un año la vida en Clipperton transcurre en un completo aislamiento hasta que en 1915 una goleta de la marina estadounidense encalla accidentalmente en sus arrecifes. Cuando la armada norteamericana envía un barco para rescatar a sus compatriotas, ofrece su buque para evacuar a los veintisiete isleños que todavía sobreviven allí. Pero Arnaud se niega. No permite que ninguno de los mexicanos abandone la isla. A la mayoría les espera la muerte o la demencia.

Una mañana de septiembre, Arnaud, tal vez en un delirio, avista un barco sobre el horizonte y a gritos da aviso a la guarnición: *¡Cardona, Guerra, Rodríguez!* Acompañado de sus hombres se apresura al mar en un pequeño bote. Los demás contemplan impotentes desde la playa cómo en la lejanía la barca se hunde.

En la isla ya solo quedan mujeres y niños, y un único hombre solitario y esquivo, el farero Victoriano Álvarez. Preso de la locura, se atrinchera en el faro con un arma de fuego y se proclama *rey* de Clipperton. Instaura un régimen de terror, esclaviza a las mujeres y las obliga a satisfacer sus deseos sexuales. Cuando alguna de ellas se niega, la asesina. Su *reinado* se prolonga casi dos años hasta que Alicia Rovira, la viuda de Arnaud, y la joven Tirza Randon consiguen, a martillazos y cuchilladas, acabar con la vida del farero. Instantes después advierten un barco sobre el horizonte. El cañonero estadounidense *USS Yorktown* navega en dirección a la isla.

Clipperton quedará desierta para siempre. Al pie de su faro yace un desfigurado cadáver cubierto de cangrejos.

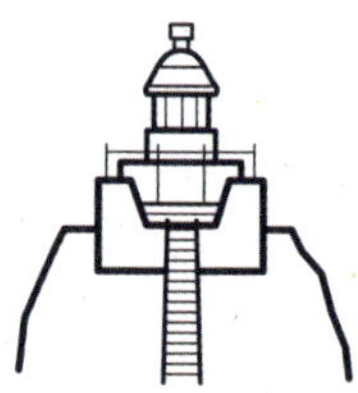

7

Faro de Clipperton

OCÉANO PACÍFICO

AMÉRICA

10° 18′ 14′′ N
109° 13′ 04′′ O

Ingeniero: Eugène de Michelon
Construcción: 1906
Encendido: 1906
Desactivado: entre 1917 y 1935 y a partir de 1938
Torre cilíndrica de hormigón
Altura de la torre: 6 m
Altura del plano focal: 12 m

En el siglo XIX México y Francia mantuvieron un litigio por la soberanía de Clipperton que duró veintidós años, hasta que el arbitraje de Víctor Manuel III —rey de Italia— falló a favor de los franceses. Aunque estos construyeron el faro nunca llegaron a asentarse permanentemente en la isla.

En 1978 Jacques Cousteau rodó *Clipperton, la isla que olvidó el tiempo*, un documental en el que Ramón Arnaud Rovira, superviviente de la evacuación de 1917, regresa a su lugar de nacimiento.

500 m
Îles Egg
Pointe Verte
Fosse occidentale
CLIPPERTON
Baie
de la Pince
LAGON
Fosse orientale
Grand Rècif
Pointe
du Pouce
Le Rocher
Le Crochet
MÉXICO
OCÉAN PACIFIQUE

8 Faro de Columbretes

Columbrete Grande o Illa Grossa, Castellón (España)

Frente a las costas de Castellón, medio centenar de kilómetros al Este, los restos de un cráter afloran en forma de peñascos que se retuercen como un reptil sobre las aguas del Mediterráneo. Son las islas de las culebras, Columbretes, *Columbraria*; deslumbrantes, salvajes, solitarias.

Antes de la llegada del faro, allí no habitaba nadie. Las ínsulas solo servían como refugio pasajero de pescadores, contrabandistas y piratas. Aparte del aislamiento y las tormentas, el lugar escondía otra clase de peligros: escorpiones y serpientes dominaban la tierra. Para construir el faro hubo que limpiar el terreno y de ello se ocuparon reclusos condenados a la pena capital a quienes les fue prometida la remisión de su castigo. Muchos de los primeros no sobrevivieron a las picaduras, los demás cavaron zanjas y las llenaron de cal para mantenerse lejos de tan dañina compañía.

Una luz brilló en 1859 sobre la *illa Grossa*, la mayor de todas, y para vigilar su fulgor llegaron los fareros con sus familias. Al principio las condiciones eran severas, los turnos duraban todo un año de soledad y solo los que no podían elegir otro destino acababan allí. Hubo quien no pudo superarlo; un torrero mallorquín se quitó la vida tras saber que su próximo destino sería Columbretes.

Pero la mayoría de los fareros continuaban con su día a día y a medida que avanzó el tiempo la vida en la isla se hizo más fácil. Las víboras fueron erradicadas con quemas, cerdos y gallinas. Los escorpiones fueron evitados mediante botes llenos de agua colocados en las patas de las camas. Dos o tres familias convivían alrededor del faro y había muchas cosas que hacer en Columbretes: atender la luz, reparar los vaporizadores, limpiar las lentes, cargar el queroseno, arreglar los daños de las tormentas del otoño, dar cuerda al mecanismo, cultivar patatas en el huerto, pescar langostas, amasar el pan, cazar conejos, observar a los aviones del ejército mientras hacían prácticas de tiro, dar de comer a las gallinas, vigilar el nivel de los aljibes, correr por los acantilados, apresar alacranes con un hilo, visitar el cementerio donde eternamente descansan algunos torreros y unos pocos náufragos, impartir clase a los niños, resguardarse al llegar el temporal, admirar la isla llena de flores blancas después de unos días de lluvia y esperar el barco de abastecimiento cada diez o quince días...

Según el archiduque austriaco Ludwig Salvator, que convivió con los fareros, estudió las islas, y en 1895 publicó un extenso y detallista libro sobre ellas, *la vida de los habitantes de Columbretes es alegre como la de la codorniz, la alondra, el tordo y la tórtola, que vienen en primavera y en otoño para descansar aquí y seguir volando hacia el vecino continente, o más lejos, en dirección al Norte.*

PLANO FOCAL DE LA LUZ

8

Faro de Columbretes

Mar Mediterráneo

Europa

39° 53′ 44′′ N

00° 41′ 06′′ E

Construcción: 1855-1859
Encendido: 1859
Automatizado: 1986
Activo
Torre troncocónica de mampostería
Altura de la torre: 20 m
Altura del plano focal: 85 m
Alcance de luz: 21 mn
Luz característica:
un grupo de dos destellos seguidos de un destello de luz blanca cada 22 s

Las Columbretes son una zona protegida. Las 19 hectáreas emergidas constituyen una Reserva Natural. Las 5.500 hectáreas de aguas circundantes son una Reserva Marina.

Aïllats, la memoria de Columbretes es un magnífico documental dirigido por Patricia González, Eva Mestre, Xavi del Señor y Fernando Ramia que relata la vida de los habitantes de las islas.

LA LÍNEA DEL NIVEL DEL MAR ESTARÍA SITUADA POR DEBAJO DE ESTA PÁGINA

500 m
Columbrete Grande o Illa Grossa
Puerto Tofiño
El Mancolibre
El Mascarat
Columbretes
Malaspina
Bauza
Navarrete
Banco Jorge Juan
Joaquín
La Horada
Lobo
Méndez Núñez
Mar Mediterráneo
El Bergantín
Churruca
Cerquero
Baleato
Banco de Luyando
Banco de Patiño
España

9 Faro de Eddystone

ROCAS DE EDDYSTONE, RAME HEAD, PLYMOUTH (REINO UNIDO)

EN UNA DE LAS COLECCIONES del Museo Nacional de Escocia se puede contemplar un objeto oscuro, plano, ovalado y de unos doscientos gramos. Un texto lo acompaña e indica: *Pieza de plomo extraída del estómago del guardián del faro de Eddystone tras el incendio de 1755.*

La noche del 2 de diciembre la linterna de la Torre de Rudyard arde. El guardián Henry Hall, con noventa y cuatro años y todavía en activo, intenta sofocar el fuego lanzando agua hacia la zona superior. Debido a las llamas, la techumbre de plomo se derrite y una porción de metal fundido cae sobre su boca. A pesar de ello Henry Hall sigue luchando junto a sus compañeros para intentar dominar el fuego. Al borde de la extenuación, los fareros se refugian en un peñasco cercano hasta que, ocho horas más tarde, un barco los traslada a tierra.

Henry Hall sobrevive doce días más. El cirujano Edward Spry, responsable de su autopsia, escribe un informe para la *Royal Society* relatando lo sucedido. Ante la incredulidad de algunos, el doctor Spry se pasa el resto de sus días obsesionado por limpiar su reputación y realiza reiterados experimentos con perros y aves, vertiendo plomo fundido en sus gargantas, para demostrar que eran capaces de continuar con vida.

LA TORRE DE RUDYARD QUEDÓ DESTRUIDA. Pero no sería ni el primero ni el último faro que ocuparía la roca de Eddystone. Cincuenta y siete años antes se había elevado sobre este expuesto emplazamiento la Torre de Winstanley, el primer faro del mundo ubicado en mar abierto.

HENRY WINSTANLEY FUE UN EXCÉNTRICO comerciante apasionado de la arquitectura, los aparatos hidráulicos y los ingenios autómatas. Tras el naufragio de varios de sus barcos en el arrecife alzó allí un delicado faro más adecuado para decorar una casa de muñecas que para soportar las inclemencias del mar. Mientras armaba este mecano preciosista en las aguas del canal de la Mancha, Winstanley fue apresado por un barco y conducido a Francia como prisionero. Cuando el rey Luis XIV se enteró del incidente, ordenó inmediatamente su liberación: *Francia está en guerra contra Inglaterra, no contra el progreso de la humanidad.*

Winstanley regresó a Eddystone y, aunque su primer faro fue destruido por un temporal, logró levantar una segunda torre aún más hermosa que se mantuvo en pie hasta 1703. Creía firmemente en la solidez de esta última construcción, llegando a afirmar que desearía permanecer en su interior durante *la tormenta más grande que jamás haya existido.* El azar o la temeridad hicieron que el 26 de noviembre Winstanley se encontrara en Eddystone. Esa noche, un violento ciclón conocido como *La Gran Tormenta* arrasó completamente las costas de Inglaterra, llevándose al fondo del mar a la torre y a todos sus ocupantes.

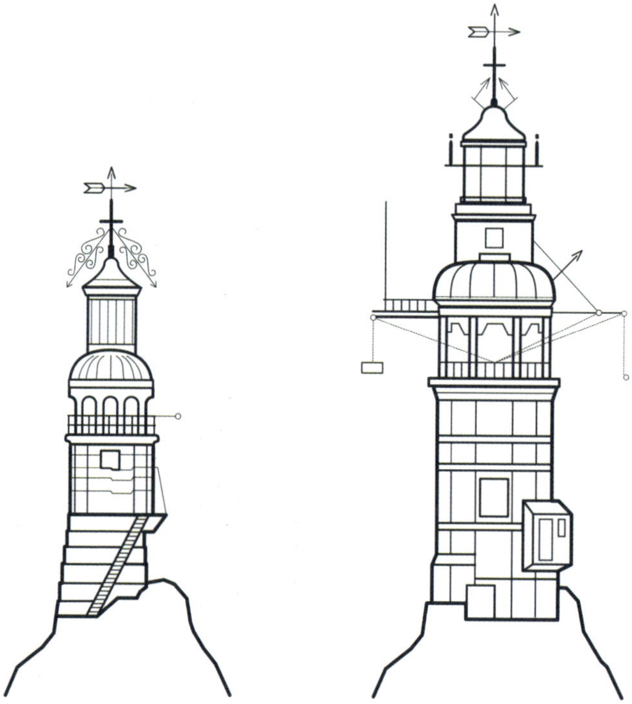

9

Faro de Eddystone

Canal de la Mancha
Océano Atlántico
Europa

50° 10′ 48′′ N
04° 15′ 54′′ O

Torre Winstanley I

Ingeniero: Henry Winstanley
Construcción: 1696
Encendido: 1698
Desactivado: 1699
Altura de la torre: 18 m
Torre octogonal de madera

El primer faro levantado en mar abierto se construyó sobre el arrecife rocoso de Eddystone a catorce kilómetros de tierra firme y a unos diecinueve del puerto de Plymouth.

Torre Winstanley II

Ingeniero: Henry Winstanley
Construcción: 1699
Encendido: 1699
Desactivado: 1703
Altura de la torre: 25 m
Torre dodecagonal de madera

Mientras el faro estuvo activo no se registraron naufragios. Dos días después de su desaparición, el *Winchelsea* se hundió en el arrecife con un cargamento de tabaco.

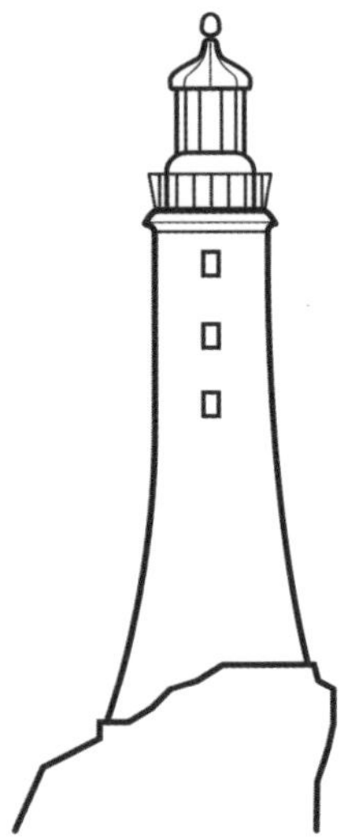

Torre Rudyard

Ingeniero: John Rudyard
Construcción: 1706-1708
Encendido: 1708
Desactivado: 1755
Altura de la torre: 21 m
Torre cónica de madera, ladrillo y hormigón

El capitán John Lovett encargó a Rudyard la construcción del faro y, como arrendatario, cobró a los barcos auxiliados por la luz un peaje de un centavo por tonelada.

Torre Smeaton

Ingeniero: John Smeaton
Construcción: 1756
Encendido: 1759
Desactivado: 1877
Altura de la torre: 22 m
Torre cilíndrica cónica de granito

Esta torre supuso un gran avance en el diseño de las estructuras de faros. Fue desmantelada y reconstruida en Plymouth y es actualmente un reconocido monumento en honor a su ingeniero.

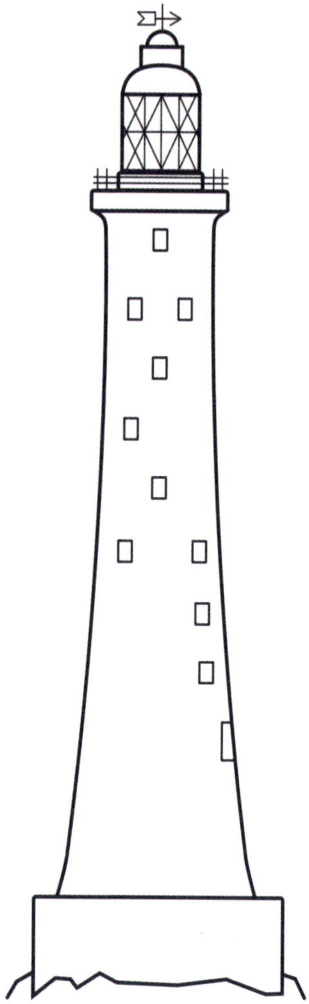

9

Faro de Eddystone

Canal de la Mancha
Océano Atlántico
Europa

50° 10′ 48′′ N
04° 15′ 54′′ O

Torre Douglass

Ingeniero: James Douglass
Construcción: 1879
Encendido: 1882
Automatizado: 1982
Activo
Torre cilíndrica cónica de granito
Altura de la torre: 49 m
Altura del plano focal: 41 m
Alcance de luz: 22 mn
Luz característica:
dos destellos blancos cada 10 s

La torre de Douglass, el actual faro de Eddystone, se mantiene activo y puede verse junto a la base de la desmantelada torre Smeaton.

En 1980 se construyó un helipuerto en la parte superior de la linterna para permitir el acceso del personal de mantenimiento. Desde 1999 el faro se abastece con energía solar.

Tamar
Devil's Point
PLYMOUTH
SAINT JOHN
CREMYLL
Drake's Island
MOUNT BATTEN
PLYMSTOCK
1500 m
FREATHY
MILLBROOK
DOWN THOMAS
WHITSAND BAY
Rame Head
HEYBROOK BAY
WENBURY
Great Mewstone
ENGLISH CHANNEL
EDDYSTONE
UNITED KINGDOM

10

Faro de Eldred Rock

Eldred Rock, Canal de Lynn, Borough de Haines, Alaska (EE. UU.)

En plena fiebre del oro en Alaska, el *Clara Nevada* navega a través de una tormenta por el canal de Lynn. Transporta pasajeros, ochocientas libras del preciado metal y un cargamento ilegal oculto en su bodega. A tan solo treinta millas de su destino choca contra una roca y repentinamente se incendia. El envío de dinamita que llevaba encubierto había estallado en llamas.

Según el informe oficial no hubo supervivientes, pero se encontró un bote salvavidas en un lugar cercano y se sospecha que el capitán y algunos miembros de la tripulación sobrevivieron al naufragio. A pesar de las numerosas expediciones de buceo que un siglo después se realizaron en la zona, no se ha encontrado ni una sola pepita de oro entre los restos del barco.

Accidente o acto de sabotaje, lo cierto es que el Congreso de los Estados Unidos consideró el suceso como una razón de peso y tomó la decisión de construir un faro en Eldred Rock, el frío islote que fue la tumba del navío.

Diez años después, durante otra violenta tormenta, un fantasmal barco apareció varado sobre el extremo Norte de Eldred Rock. Por unos instantes la luz del faro iluminó el casco del *Clara Nevada*. Sus restos, como un muerto viviente, emergieron momentáneamente a causa del temporal.

El guardián del faro, Nils Peter Adamson, se despierta en medio de una pesadilla, deambula hacia la ventana y grita el nombre de sus dos ayudantes. La heladora madrugada le devuelve el eco de su voz y después, el silencio.

Unos días antes, el 26 de febrero de 1910, John Currie y John Silander, asistentes de Eldred Rock, navegan trece kilómetros hasta el faro de Point Sherman en busca de provisiones. Al amanecer, acompañados de una nieve ligera, parten de vuelta hacia el faro donde les espera Adamson. Cuando este advierte que sus hombres se demoran demasiado, presiente la desgracia y solicita ayuda. Algunas embarcaciones baten la zona en busca de los desaparecidos y aunque dos días después su bote es localizado, no hallan rastro de los hombres. Adamson, atormentado por la posibilidad de que sus asistentes se hayan ahogado, rastrea en solitario durante más de un mes las frías aguas del canal de Lynn. *No puedo creer que les haya ocurrido un accidente, ese día no había viento y el mar estaba en calma, deberían haber llegado aquí sobre las ocho.* Un año después presenta su renuncia como guardián del faro.

10

Faro de Eldred Rock

CANAL DE LYNN
OCÉANO PACÍFICO
AMÉRICA DEL NORTE

58° 58′ 15′′ N
135° 13′ 13′′ O

Construcción: 1905
Encendido: 1906
Automatizado: 1973
Activo
Torre octogonal de madera
Altura de la torre: 17 m
Altura del plano focal: 28 m
Alcance de luz: 8 mn
Lente original: Fresnel de 4° orden
Luz característica:
un destello blanco cada 6 s

El naturalista Marcus Baker, bautizó el islote con el apellido de soltera de su esposa, Sarah Eldred.

Aunque se encuentra algo deteriorado, es el único faro de Alaska que conserva su estructura original. Para intentar mantenerlo y restaurarlo se creó, en colaboración con el Museo Sheldon, la *Asociación para la preservación del faro de Eldred Rock*.

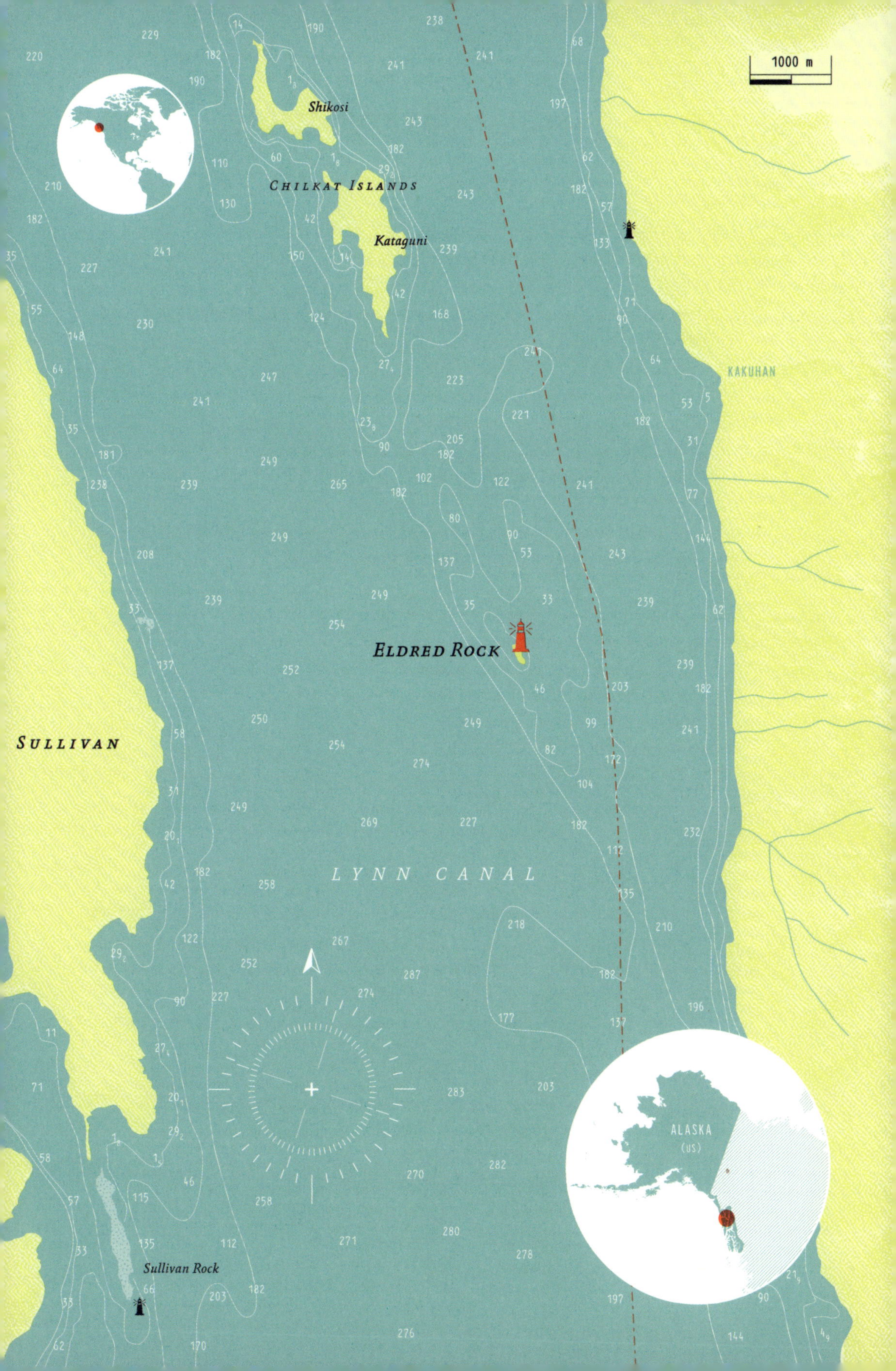
1000 m
Shikosi
Chilkat Islands
Kataguni
Kakuhan
Eldred Rock
Sullivan
Lynn Canal
Alaska
(US)
Sullivan Rock

11 Faro de Evangelistas

Islote Evangelista, Natales, Última Esperanza (Chile)

En 1892, el ingeniero escocés George Slight viaja desde Edimburgo hacia el extremo opuesto del globo con la mente absorta en un complejo desafío. Por encargo del Gobierno chileno tiene que levantar un faro en la boca occidental del estrecho de Magallanes. Al navegar en los márgenes del océano Pacífico se encuentra ante los escarpados islotes elegidos para su ubicación.

Nunca me hubiera imaginado ver algo tan agreste, salvaje y desolado como esas rocas oscuras emergiendo en medio de las embravecidas olas. Estar frente a esos peñones borrascosos es realmente sobrecogedor. Con una tenue claridad en el horizonte se ven grandes olas rompiendo con fuerza en la parte Oeste de los islotes. Una visión que difícilmente alguien puede imaginar.

Slight nunca abandonaría Chile; dirigiría en este país la construcción de más de setenta faros. El primero en encender su luz sería el faro de Evangelistas, tres años después de aquella tenebrosa visión.

Primavera de 1913. Largas semanas de espera se suceden lentamente. *La Yelcho*, un buque escampavía de la marina chilena, está fondeada en un lugar seguro, no lejos de Evangelistas. El barco aguarda a que el tiempo mejore para poder aprovisionar al faro con víveres y materiales. Después de más de cuarenta días de demora logra alcanzar el islote. En Evangelistas, tras cuatro meses incomunicados, apenas quedaba comida y los guardafaros se habían visto obligados a recoger algas marinas para alimentarse. En el retorno, *La Yelcho* viaja con el cadáver del guardián Alfredo Sillard, fallecido a causa de una enfermedad agravada por las duras condiciones del aislamiento. El buque regresa a esa ensenada cercana a la que llamarían *Cuarenta días*, un paraje solitario y hostil, para dar sepultura al cuerpo del farero. Con el tiempo, el improvisado cementerio se transforma en un lugar de culto. En los años siguientes, cuando *La Yelcho* tiene que permanecer fondeada y esperar a que las condiciones meteorológicas permitan arribar al faro, los marineros depositan velas en la tumba del farero con la esperanza de que su espíritu interceda frente a la tempestad.

Algunos guardianes aseguran haber sentido la presencia del fantasma de Sillard vagando por las dependencias del faro.

Esta historia ha inspirado a escritores chilenos como Rolando Cárdenas. Su poema *El fantasma del faro de Evangelistas* comienza así: *Lejos de las señales de la costa / sosteniéndose en las honduras más remotas del planeta / como cuatro sombras emergiendo del mar. / Solo el tiempo más allá de los archipiélagos. / El tiempo convertido en un horizonte desesperadamente vacío / en un viento tenaz que se adhería con estruendo / a un agua espesa despedazada sin descanso.*

El faro de Evangelistas, con o sin el fantasma de Sillard, hoy sigue habitado.

PLANO FOCAL DE LA LUZ

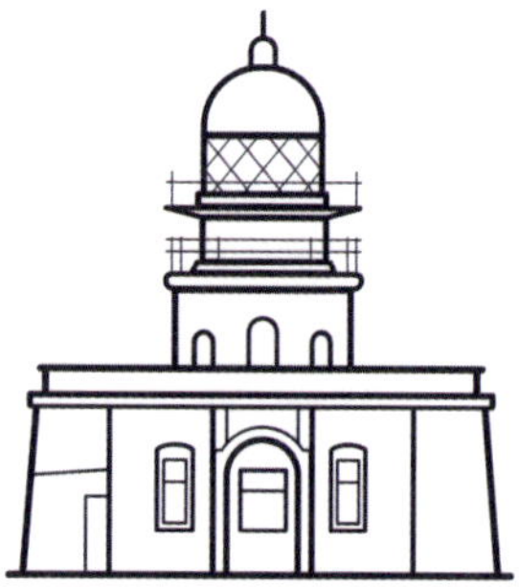

11

Faro de Evangelistas

Océano Pacífico

América del Sur

52° 23′ 10′′ S
75° 05′ 45′′ O

Ingeniero: George Slight
Construcción: 1895
Encendido: 1896
Activo
Altura de la torre: 13 m
Altura del plano focal: 58 m
Alcance de luz: 30 mn
Luz característica:
un destello blanco cada 10 s

El 28 de noviembre de 1520 tres naves al mando de Fernando de Magallanes divisaron unos escarpados islotes al adentrarse en un inmenso océano. Era la primera vez que los europeos navegaban por el Pacífico Sur. En un mapa realizado en 1618 por García Nodal estos islotes aparecen como *Los Evangelistas*.

En agosto de 2019, Daniela Ortiz, una cabo de la armada chilena encargada de las telecomunicaciones, se convirtió en la primera mujer destinada como guardafaro en Evangelistas.

LA LÍNEA DEL NIVEL DEL MAR ESTARÍA SITUADA POR DEBAJO DE ESTA PÁGINA

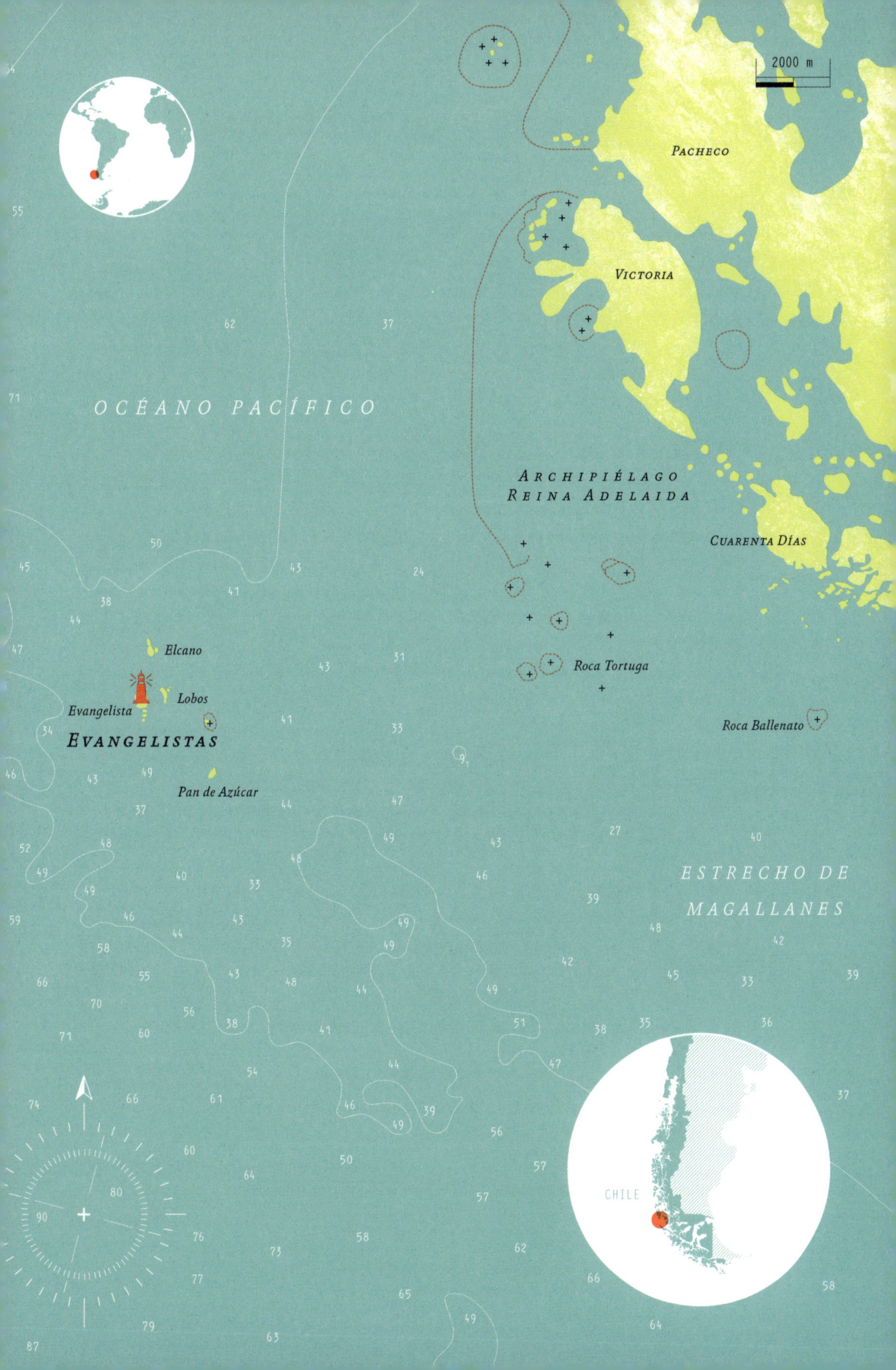
2000 m
Pacheco
Victoria
Océano Pacífico
Archipiélago
Reina Adelaida
Cuarenta Días
Elcano
Lobos
Evangelista
Evangelistas
Roca Tortuga
Roca Ballenato
Pan de Azúcar
Estrecho de
Magallanes
Chile

12 Faro de las islas Flannan

Eilean Mòr, Islas Flannan, Islas Hébridas Exteriores, Escocia (Reino Unido)

Los siete cazadores forman un archipiélago deshabitado situado a treinta kilómetros de las Hébridas Exteriores. En Eilean Mòr, la mayor de las islas, se encuentra una pequeña capilla dedicada a San Flannan, un abad del siglo VII que llegó a estas hostiles tierras empujado por el azar de los vientos. El lugar ha estado cargado de leyendas y se conocen comportamientos inusuales de los marinos de la zona como quitarse el sombrero al desembarcar en la isla o realizar un giro en la dirección del sol al llegar a la cumbre. Allí se erigió en 1889 un solitario faro.

El primer indicio de que algo extraño sucede lo advierte el vapor *Archtor* en su ruta hacia Leith. La luz del faro de las islas Flannan no estaba operativa pese a las condiciones meteorológicas adversas. Once días después, el 26 de diciembre de 1900, el *Hesperus* consigue llegar a Eilean Mòr. En la isla aguardan los fareros James Ducat, Thomas Marshall y Donald McArthur. El barco les lleva suministros y un guardián de reemplazo. Pero cuando el *Hesperus* se aproxima al embarcadero, la bandera no ondea en la plataforma, las cajas para el abastecimiento no están colocadas en su lugar habitual y nadie sale a recibirlo. Desde el barco, el capitán Harvey lanza una bengala y hace sonar la bocina. No hay respuesta. Joseph Moore, el guardafaros de relevo, pone pie en la isla. A través de la densa niebla, asciende la pendiente hasta llegar al faro. La puerta principal está cerrada con llave. Forzándola, logra acceder al interior y se encuentra las camas deshechas, comida en los platos y una silla volcada en el suelo. Un reloj de pared, detenido, marca las nueve y media. No hay rastro de los hombres.

Los marineros del *Hesperus* baten todos los rincones de la isla intentando hallar a los guardianes, pero solo encuentran pistas desconcertantes. Las lámparas están limpias y llenas de combustible. Solo el abrigo de McArthur se encuentra colgado en su percha. El otro embarcadero, el de la parte Oeste, parece dañado por una tormenta reciente; hay una caja rota amarrada a una grúa, las barandillas de hierro están dobladas y una pesada roca se ha desplomado sobre el muelle. A pesar de esto, la última entrada en el libro de servicio escrita el 15 de diciembre a las nueve de la mañana indica que todo está en orden.

Treinta años después, la revista *Strange True Stories* asegura que, en su diario, Marshall anotó lo siguiente: *12 de diciembre: vendaval por el Noroeste. El mar azota con furia. Nunca he visto una tormenta así. Hay olas muy altas rozando el faro. Ducat se ha vuelto irascible. (...) La tempestad persiste con furia. No podemos salir. (...) Ducat permanece callado. McArthur llora. 13 de diciembre: la lluvia intensa continuó durante toda la noche. El viento cambió a Norte. Ducat sigue callado. McArthur reza. (...) Al mediodía la luz es gris. Ducat, McArthur y yo rezamos. 15 de diciembre: la tormenta terminó, el mar está en calma. Dios está sobre todas las cosas.*

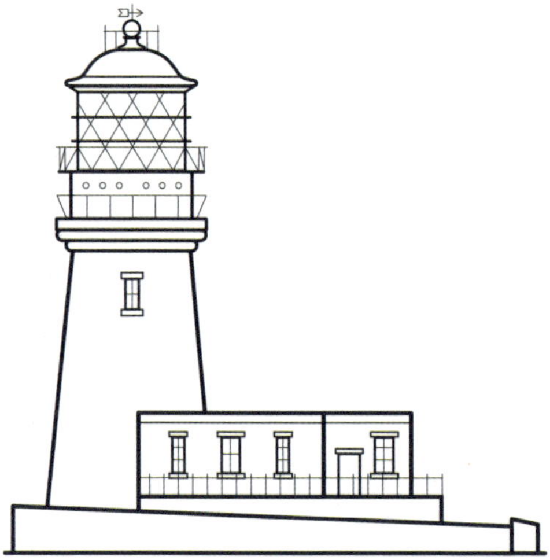

12

Faro de las islas Flannan

Océano Atlántico

Europa

58° 17′ 18′′ N

07° 35′ 16′′ O

Ingeniero: Alan Stevenson
Construcción: 1895-1899
Encendido: 1899
Automatizado: 1971
Activo
Torre cilíndrica de mampostería
Altura de la torre: 23 m
Altura del plano focal: 101 m
Alcance de luz: 20 mn
Lente actual: Fresnel 3er orden
Luz característica:
dos destellos blancos cada 30 s

La misteriosa desaparición de los fareros de las islas Flannan ha dado lugar a numerosas especulaciones, incluso paranormales, e inspirado multitud de relatos de ficción en la literatura, en la música y en el cine. El grupo de rock Genesis cuenta esta historia en la canción *The Mystery Of The Flannan Isle Lighthouse*. *The Vanishing*, una película de suspense psicológico dirigida por Kristoffer Nyholm en 2018, toma el suceso como eje central de su trama. Aunque fue rodada en cuatro faros escoceses, ninguno de ellos es el de Eilean Mòr.

Plano focal de la luz

La línea del nivel del mar estaría situada por debajo de esta página

500 m
ATLANTIC OCEAN
EILEAN MÒR
FLANNAN ISLES
(SEVEN HUNTERS)
Roaiream
Eilean a'Ghobha
Bròna Cleit
Gealtir-Beg
Eilean Tighe
Soraigh
UNITED KINGDOM

13

Faro de Godrevy

Isla de Godrevy, Camborne, Cornualles (Reino Unido)

Como si las palabras brotasen a borbotones y con una fluidez extraña en ella, Virginia Woolf escribe las páginas de *To the Lighthouse* (*Al faro*), una obra en la que apenas sucede nada, y en la que una familia pospone continuamente un viaje hacia un faro. Considerada por la revista *Times* como una de las mejores novelas en lengua inglesa del siglo xx, está inspirada en experiencias propias. De niña, Virginia pasaba los veranos junto a su familia en una casa de la costa de Cornualles. En sus paseos podía divisar desde la orilla el faro de Godrevy encaramado sobre el escarpado islote de la bahía de St. Ives. Aquellos días se quedarían grabados en su memoria muchos años después y, de algún modo, influyeron en su novela aunque situase la trama muy lejos de allí.

«Lloverá —recordaba a su padre diciéndolo—. No podréis ir al faro». El faro era entonces una torre brumosa, plateada, con un ojo amarillo que se abría repentina y delicadamente al anochecer.

Los interminables aplazamientos para llegar al faro no solo suceden en la ficción de la novela. Muchos fueron los fareros que sufrieron los retrasos de envíos o relevos. A finales de 1925, mientras Virginia Woolf escribía febrilmente su obra en Londres, el asistente del faro de Godrevy, W. J. Lewis, se quedaba completamente solo: su compañero había sido evacuado a tierra a causa de una neumonía.

Durante ocho largos días, Lewis, aislado en Godrevy, mantuvo la luz y la campana de niebla funcionando sin interrupción, a la espera de que amainase una persistente tormenta y arribara un bote con un farero que sustituyera a su compañero. Si Woolf desarrolla una novela en la que apenas hay diálogos, Lewis documenta en un diario su necesidad de hablar con alguien: *Tras cincuenta y cuatro horas de vigilancia constante no pude resistirme a unas horas de sueño. Me sentaron tan bien que afronté la siguiente noche sin miedos, aunque empecé a sentir los efectos de la ausencia de compañía. Necesitaba hablar con alguien, y todavía me parece increíble que durante una semana no pronunciara ni una palabra, ni siquiera cantada, ni siquiera a mí mismo.*

Ambos, aislados en sus respectivos faros, sufrieron los estragos de la soledad y escribieron para exorcizar sus demonios. Lewis publicó un libro titulado *Ceaseless Vigil* (Vigilia incesante) donde volcó algunas de sus experiencias angustiosas. Virginia Woolf no encontró ninguna luz que la guiase para superar el dolor causado en parte por su incapacidad de comunicarse. Su cuerpo fue hallado bajo las aguas del río Ouse con los bolsillos del abrigo llenos de piedras.

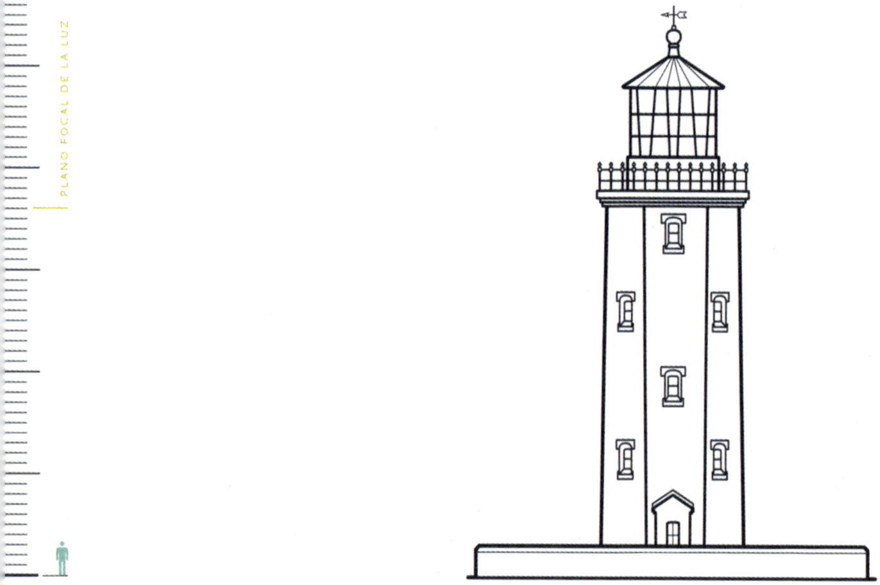

13

Faro de Godrevy

MAR CÉLTICO

OCÉANO ATLÁNTICO

EUROPA

50° 14′ 33′′ N

05° 24′ 01′′ O

Construcción: 1859
Encendido: 1859
Automatizado: 2012
Activo
Torre de piedra y mortero
Altura de la torre: 26 m
Altura del plano focal: 37 m
Alcance de luz: 8 mn
Lente actual: Fresnel 2° orden
Luz característica:
un destello blanco y rojo cada 10 s

El 12 de septiembre de 1892, con diez años, Virginia Woolf visitó el faro de Godrevy y estampó su firma en el libro de visitas. Ciento veinte años después ese libro se vendió en una subasta en Bonhams por un valor superior a diez mil libras.

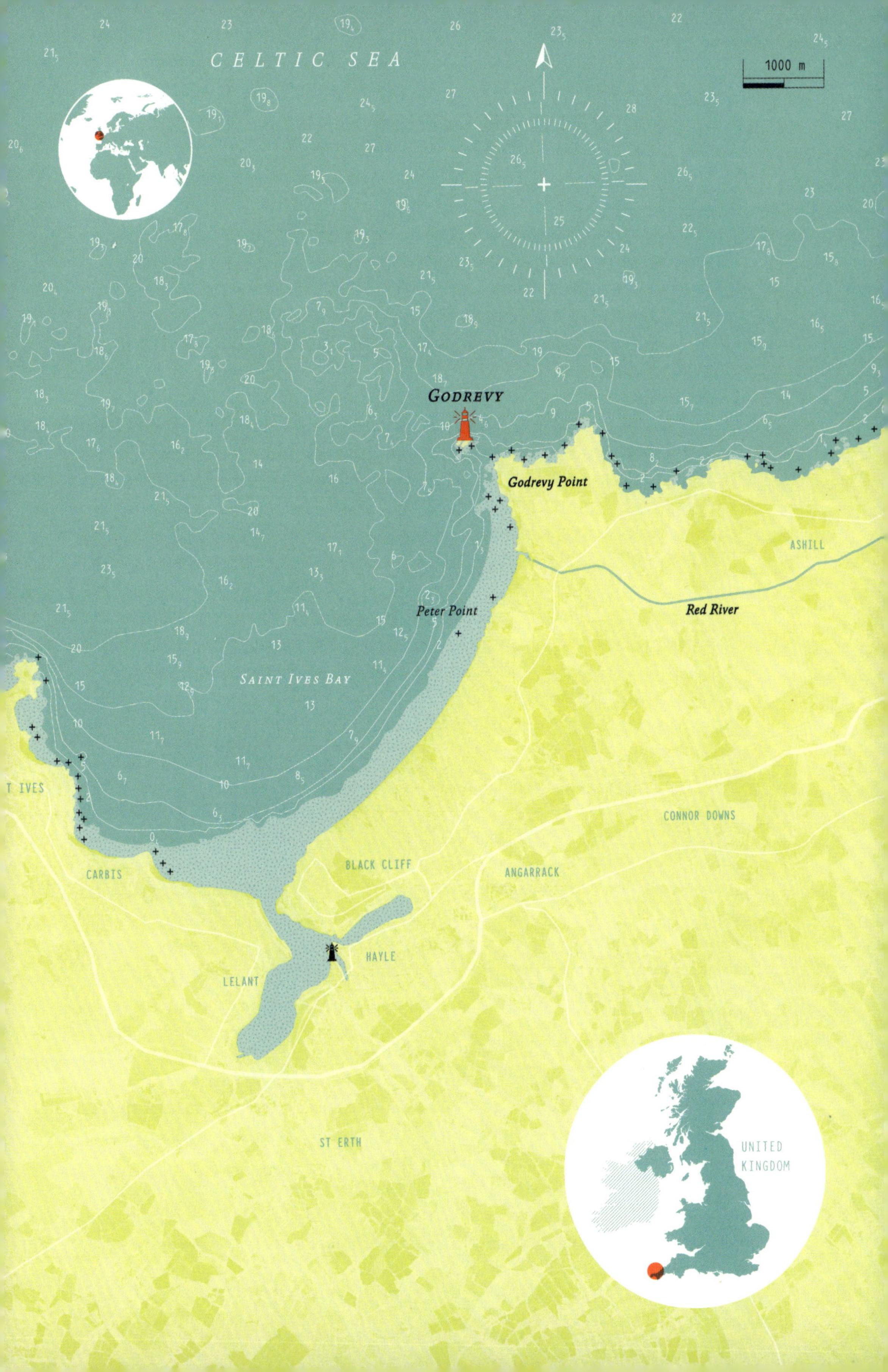

CELTIC SEA
1000 m
GODREVY
Godrevy Point
ASHILL
Red River
Peter Point
SAINT IVES BAY
T IVES
CARBIS
BLACK CLIFF
CONNOR DOWNS
ANGARRACK
HAYLE
LELANT
ST ERTH
UNITED
KINGDOM

14 Faro de Great Isaac Cay

Cayo Great Isaac, Islas Bimini (Bahamas)

El triángulo de las Bermudas es un lugar vagamente definido, de tan difuso, tal vez imaginario. Algunos de sus defensores trazan una gigantesca figura geométrica sobre la superficie del Océano Atlántico y sitúan sus puntas entre las islas de Bermudas, Puerto Rico y Miami. Atribuyen a la zona desapariciones enigmáticas y aseguran que allí decenas de aviones y barcos se han evaporado como humo.

Al Noreste de las islas Bimini aflora un pequeño arrecife de afilado coral. Un cayo estéril y teñido de guano, coronado por un imponente faro de hierro. Según los lugareños, en ese lugar suceden cosas. Los barcos se hunden, tal vez por causas inexplicables o tal vez porque a su alrededor se unen diferentes cuerpos de agua, y las corrientes del banco de la Gran Bahama, del estrecho de Florida y del canal Noroeste de Providence acechan juntas como una manada de predadores subacuáticos.

Sobre el faro, situado cerca del punto más occidental de ese *Triángulo del Diablo*, recaen inevitablemente varias historias fantasmales. La más popular, conocida como *La Dama Gris*, tiene que ver con un sonido inusual que puede oírse a la luz de la luna. Cuentan que a finales del siglo XIX un barco naufragó cerca del cayo de Great Isaac y todos sus ocupantes perecieron. Solo un bebé sobrevivió al desastre. Desde ese momento, el lamento de su angustiada madre recorre la isla en las noches de luna llena.

Además de dudosas apariciones y espectros vagando por una oscuridad de coral, existe un caso real no resuelto. El 4 de agosto de 1969 el servicio de guardafaros de Great Isaac desapareció sin dejar rastro. Al detectarse anomalías en la luz y cuando las reiteradas llamadas de radio no son respondidas, un grupo de rescate parte desde las islas Bimini. Una vez en el faro, encuentran todas sus dependencias en orden; utensilios, ropas y alimentos ocupan su lugar correspondiente. Sin embargo, el faro está completamente desierto y los guardianes nunca serán encontrados.

Tal vez el enigma tenga que ver con un incidente asociado al tráfico de drogas o al contrabando de armas, tal vez el huracán Ana pasó demasiado cerca de la isla los días 2 y 3 de agosto y su viento se llevó a los fareros, tal vez la desaparición esté relacionada con abducciones extraterrestres, actividades paranormales o los vértices malditos del Triángulo de las Bermudas.

Se esclarezca o no el misterio, nadie volverá a guardar el faro. Permanecerá sobre el arrecife, erguido y difuso como el mástil de un barco fantasma, mientras, junto a este, las abandonadas residencias de los fareros se derrumban lentamente.

PLANO FOCAL DE LA LUZ

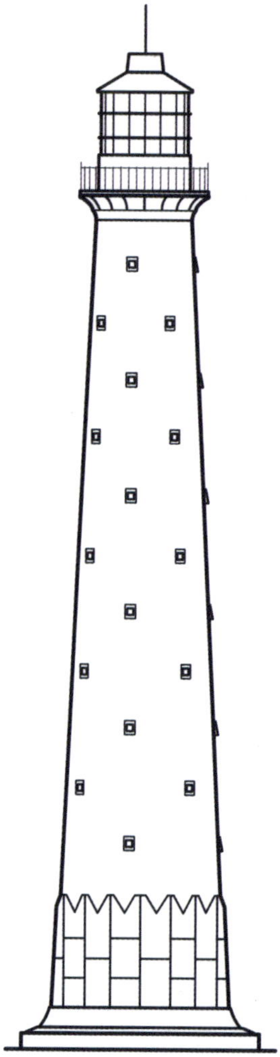

NIVEL DEL MAR

14

Faro de Great Isaac Cay

ESTRECHO DE FLORIDA

OCÉANO ATLÁNTICO

AMÉRICA

26° 02′ 41′′ N

79° 05′ 22′′ O

Construcción: 1851
Encendido: 1859
Automatizado: 1969
Desactivado: 2000-2009
Torre cilíndrica de hierro fundido
Altura de la torre: 46 m
Altura del plano focal: 54 m
Distancia de luz: 23 mn
Luz característica:
un destello blanco cada 15 s

Ocho años antes de que luciera en el cayo de Great Isaac, el faro se exhibió en la Gran Exposición de Londres de 1851.

Es posible navegar hasta el cayo desde las islas Bimini, aunque el faro está cerrado y no se puede acceder al interior.

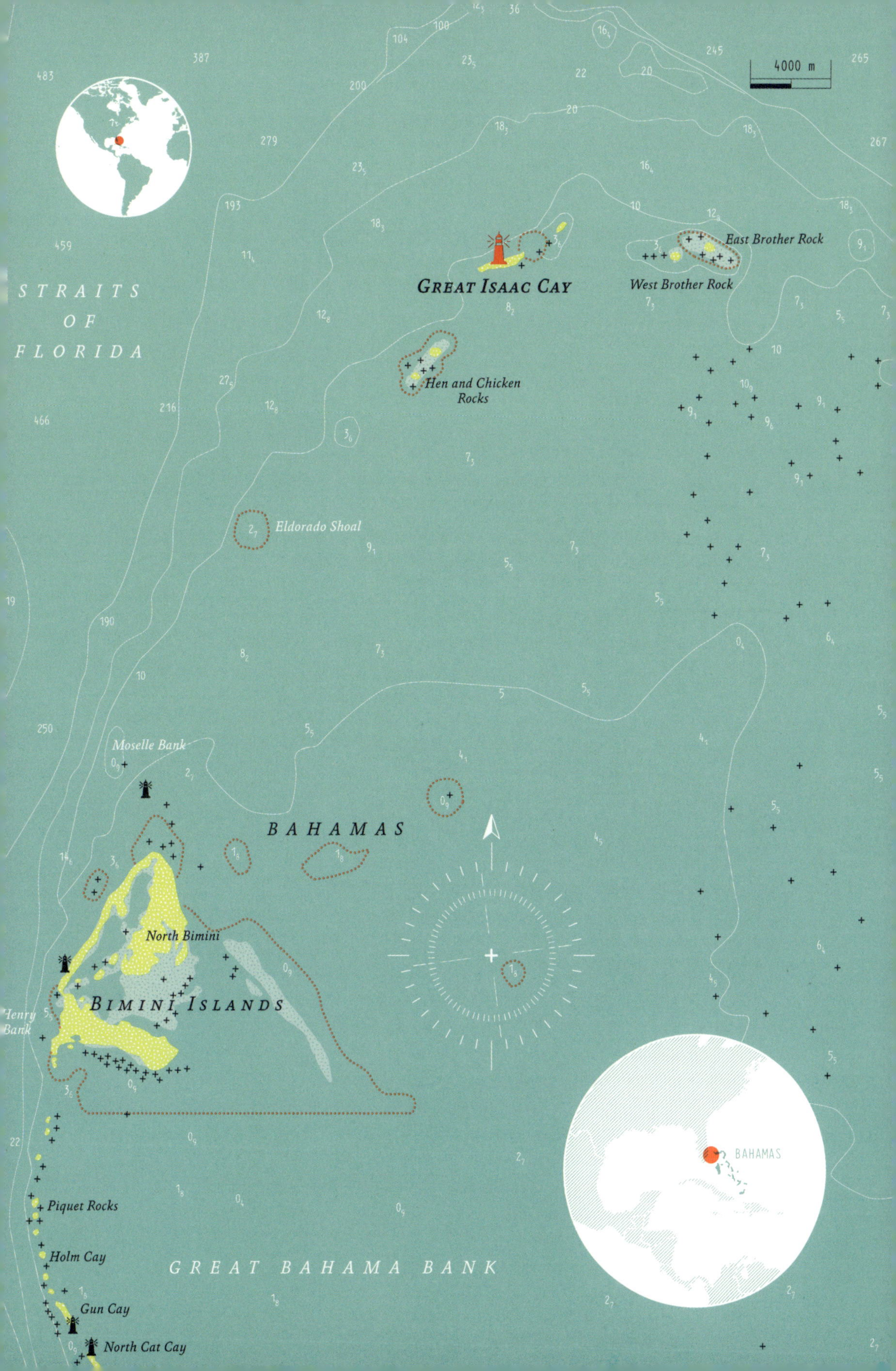
4000 m
STRAITS OF FLORIDA
GREAT ISAAC CAY
East Brother Rock
West Brother Rock
Hen and Chicken Rocks
Eldorado Shoal
Moselle Bank
BAHAMAS
North Bimini
BIMINI ISLANDS
Henry Bank
Piquet Rocks
Holm Cay
Gun Cay
North Cat Cay
GREAT BAHAMA BANK
BAHAMAS

15 Faro de Grip

Grip, Kristiansund, Nordmøre, Møre og Romsdal (Noruega)

Unos meses antes de morir, Edgar Allan Poe escribió su último texto. Aunque este relato inconcluso carecía de título, pasó a la historia como *The Lighthouse* (*El faro*). Redactado en forma de diario, solo conserva tres entradas. La inicial comienza así: *1 de enero de 1796. Hoy, mi primer día en el faro, arranca mi diario tal como acordé con De Grät. Intentaré escribir regularmente, aunque nunca se sabe lo que puede sucederle a un hombre tan aislado como yo; quizá enferme, o algo peor... ¡Hasta ahora todo ha ido bien! Nuestro velero se libró por poco, pero ¿por qué recordarlo si ya estoy a salvo? Mi ánimo empieza a revivir ante la idea de hallarme, por primera vez en mi vida, completamente solo...*

La trama transcurre en una apartada isla noruega. El faro y su ubicación no se corresponden con ningún escenario real. Pero, cuarenta años después de la desaparición de Poe, se levantó sobre un islote noruego un faro que bien podría haber surgido de la imaginación del escritor.

Como si fuese una constelación de estrellas, un archipiélago de diminutas islas se esparce sobre las aguas que golpean la costa de Kristiansund. En una de ellas, hoy deshabitada, todavía se puede visitar una iglesia de madera del siglo XV y caminar entre las coloridas casas de una aldea de pescadores. Desde allí, al dirigir la vista hacia el Norte, se divisa —sobre una roca desnuda— la silueta de un faro imponente, el segundo más alto de Noruega.

«Para este trabajo se requieren nervios de acero» rezaba una advertencia en el anuncio publicado para reclutar a los fareros con destino a Grip. Tomar tierra en el islote era ya bastante arriesgado. La peligrosa operación, ejecutada con una grúa y un pequeño bote, podía considerarse una proeza digna de acróbatas. Al expuesto embarcadero que utilizaban para realizar estos intercambios lo llamaban cariñosamente el *circo*. Mantenerse encerrado en el faro era aún más duro. Con una climatología adversa y sin posibilidad de construir viviendas en el islote, la vida de los fareros transcurría la mayor parte del tiempo en la soledad de la angosta torre. Hombres silenciosos convivían con el torturador rugido de los motores diésel, una incansable vibración que podía sentirse desde cualquier parte de las dependencias.

Svein Jarle Viken, destinado a Grip durante cinco años, apenas podía dormir y le asaltaban frecuentes pesadillas. En sus sueños, Viken volaba sobre el mar atado a la grúa; abandonaba la roca y volvía a aterrizar en ella, una y otra vez. Este desasosiego, propio de un cuento de Poe, persiguió al farero mucho tiempo después de abandonar su servicio en el aislado faro.

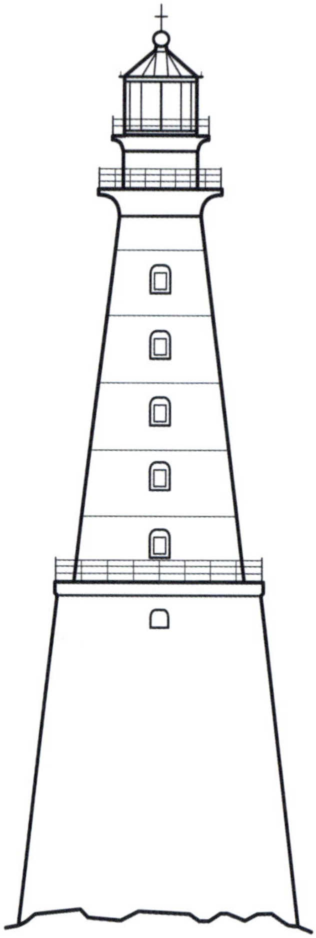

PLANO FOCAL DE LA LUZ

NIVEL DEL MAR

15

Faro de Grip

MAR DE NORUEGA

OCÉANO ATLÁNTICO

EUROPA

63° 14′ 01′′ N

07° 36′ 33′′ E

Construcción: 1885-1888
Encendido: 1888
Automatizado: 1977
Activo
Torre cilíndrica cónica de hierro fundido
Altura de la torre: 44 m
Altura del plano focal: 47 m
Alcance de luz: 19 mn
Luz característica:
luz blanca, roja y verde con dos eclipses cada 8 s

Se cuenta la historia de una mujer que arribó al faro. Con su llegada surgió una disputa entre los dos fareros. La tensión creció hasta lo insoportable: hubo persecuciones por el islote, amenazas con un cuchillo y un atrincheramiento dentro del faro. El desdichado farero al que se le cerró la puerta tuvo que permanecer días a la intemperie hasta que los pescadores de la aldea de Grip acudieron en su auxilio. Finalmente, las autoridades resolvieron destituir a los dos fareros y que la mujer regresara a tierra.

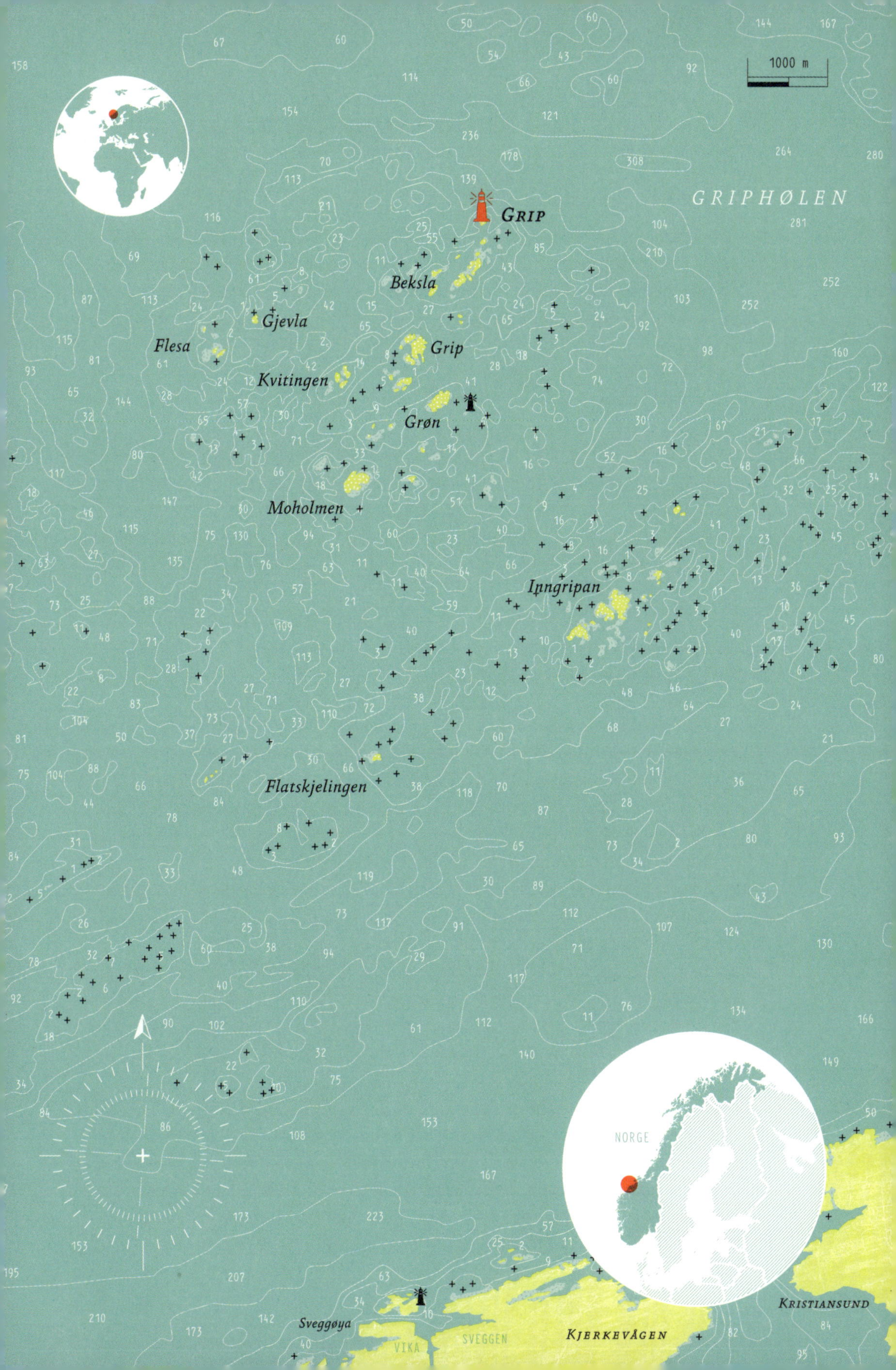
1000 m
GRIPHØLEN
Grip
Beksla
Gjevla
Flesa
Grip
Kvitingen
Grøn
Moholmen
Inngripan
Flatskjelingen
NORGE
Sveggøya
VIKA
SVEGGEN
Kjerkevågen
Kristiansund

16

Faro de Guardafui

Cabo Guardafui, Bari, Puntlandia (Somalia)

Cuando en 2015 se publica *Il faro de Mussolini*, casi nadie conoce en Italia de qué trata este libro. Dos años antes, su autor, Alberto Alpozzi, tampoco sabe demasiado sobre faros. Fotógrafo especialista en reportajes de zonas en crisis había viajado hacia el Golfo de Adén para documentar una crónica sobre los piratas somalíes. En su aventura no encuentra a los piratas, pero, al sobrevolar en helicóptero el extremo Noreste de Somalia, toma fotografías de una torre de piedra que llama poderosamente su atención.

El cabo de Guardafui dibuja la punta del Cuerno de África. Llamado *Aromatum Promontorium* —Promontorio de las Especias— en la época clásica, conocido por los nativos como *rãs 'Aseyr* —cabo de las Lágrimas—, fue nombrado *Guardafui* —mira y huye— por los antiguos marinos italianos debido a sus peligrosas corrientes y a sus densas e inesperadas nieblas. Estas repentinas variaciones de las condiciones del mar fueron aprovechadas por bandas locales para saquear a los barcos que por allí navegaban. Encendían hogueras sobre los acantilados y los navegantes, creyendo que se trataba de faros, aproximaban para su desgracia las naves hacia la costa.

Ya desde la apertura del canal de Suez en 1869 fue creciendo la idea de iluminar este agreste litoral que, después de disputas coloniales, quedó como parte de la Somalilandia italiana. En 1924 se erigió sobre el cabo Guardafui una torre metálica denominada faro de Francesco Crispi, calificada entonces por la prensa europea como *centinela avanzado de la civilización itálica en una importante ruta de navegación.*

Pero la rebelión contra el dominio italiano estaba generalizada en Somalia y el faro tuvo que soportar ataques por parte de insurgentes. La torre fue seriamente dañada y el ejército que la defendía sufrió importantes bajas. Tras los sucesos, los italianos levantaron una construcción de piedra reforzada con anillos de cemento; una estructura mucho más resistente en la que destaca, como decoración singular, un enorme *fascio littorio* —hacha de piedra—, símbolo del imperialismo fascista que gobernaba la Italia de la época.

Somalia no es un destino habitual de vacaciones y el cabo de Guardafui es un lugar casi inaccesible. Un desierto cambiante, un mar alevoso y la inestabilidad política de la región se alían para defender su aislamiento. Es probable que muy pocos o quizá ningún italiano haya tocado las piedras rojizas de este faro en los últimos setenta años. Y, aunque sus ruinas todavía sobreviven al paso del tiempo, sin las fotografías de Alpozzi, tal vez, permanecería hoy escondido a nuestra mirada.

PLANO FOCAL DE LA LUZ

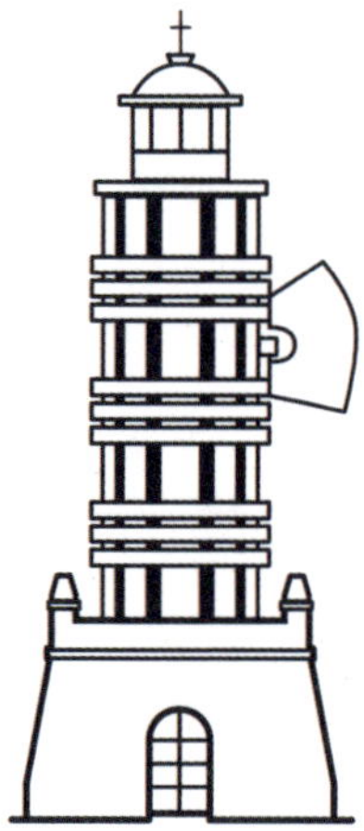

16

Faro de Guardafui

Canal de Guardafui
Océano Índico
África

11° 49′ 00′′ N
51° 17′ 00′′ E

Construcción: 1924 y 1930
Encendido: 1924 y 1930
Desactivado: 1957
Torre cilíndrica de mampostería
Altura de la torre: 19 m
Altura del plano focal: 263 m

El último farero, apodado *El príncipe de Guardafui,* desempeñó su oficio hasta 1957. Se llamaba Antonio Selvaggi, fue prisionero de los ingleses en 1941 y posteriormente desempeñó el oficio de barbero en Mogadiscio. En una entrevista declaró: *Estamos muy aislados, solo tenemos tres camellos como medio de transporte.* Llegar hasta Alula, el poblado más cercano donde se podía recoger el correo, suponía dos días de viaje a lomos de este animal.

La línea del nivel del mar estaría situada por debajo de esta página

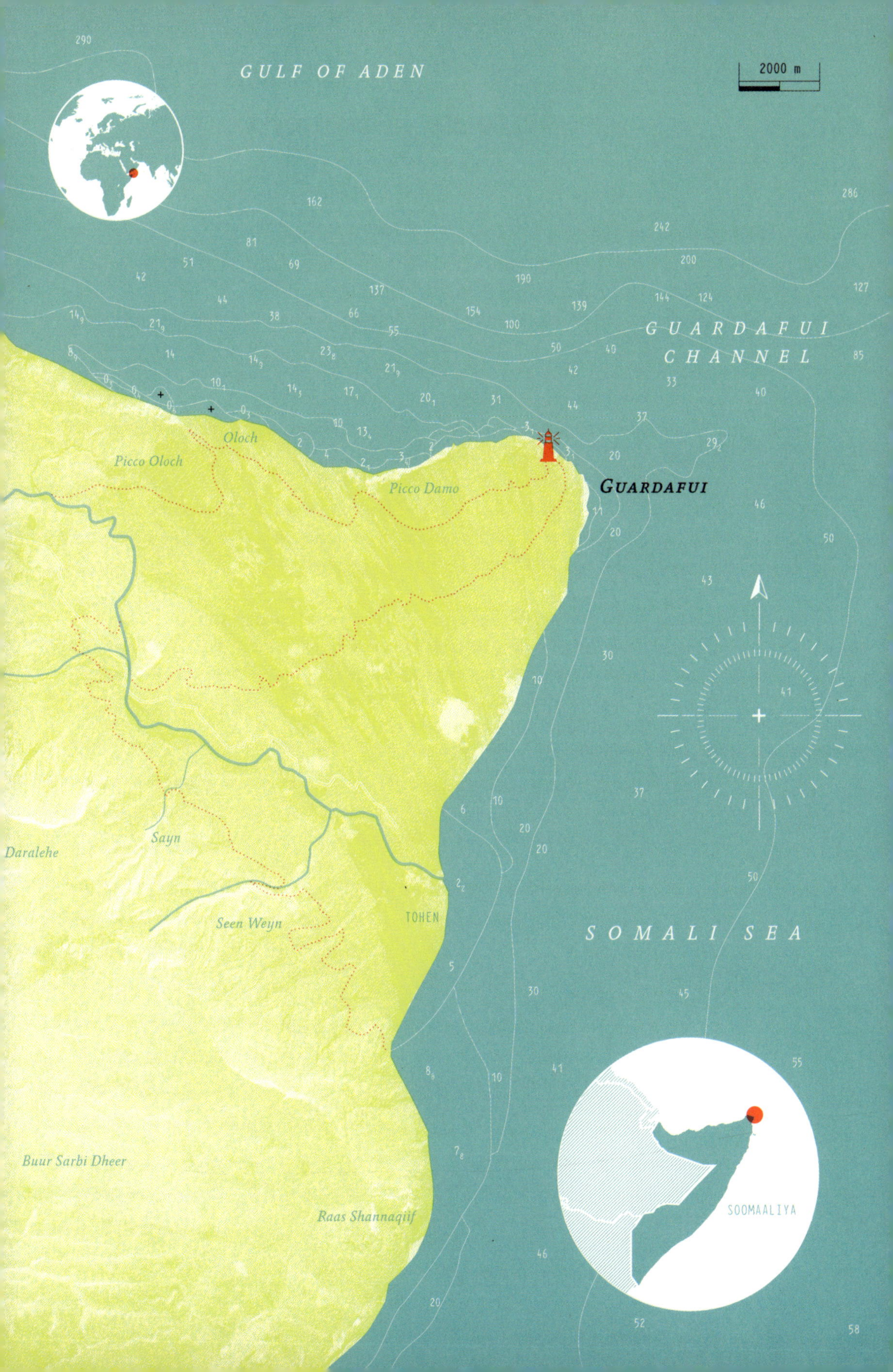

GULF OF ADEN
2000 m
GUARDAFUI CHANNEL
Oloch
Picco Oloch
Picco Damo
GUARDAFUI
Daralehe
Sayn
Seen Weyn
TOHEN
SOMALI SEA
Buur Sarbi Dheer
Raas Shannaqiif
SOOMAALIYA

17 Faro de la Jument

Roca Ar Gazec, Isla de Ouessant, Finisterre, Bretaña (Francia)

A PESAR DE LOS RUGIDOS DE LA TEMPESTAD, Théo Malgorn escuchó desde el cuarto de luces el sonido de un motor de hélice. La curiosidad le llevó hasta la base del faro. Al abrir la puerta divisó un helicóptero sobrevolando las agitadas aguas del mar de Iroise. Desde el aire, el fotógrafo Jean Guichard contemplaba cómo el oleaje atlántico golpeaba insistente sobre la Jument. Con sorprendente intuición disparó su cámara fotográfica en un instante preciso: el farero permanecía en el umbral mientras una gigantesca ola engullía la torre.

La instantánea deja en vilo al espectador. Al mirarla, interroga a la imagen sin saber qué le ha ocurrido al guardián. Tal vez, por estar cargada de tanta incertidumbre, fue galardonada con un premio en el *World Press Photo* de 1990. La historia de la foto concluye con un final feliz. El farero, a punto de ser arrollado por la ola, pudo cerrar la puerta a tiempo y escapar hacia un lugar seguro. Los daños se redujeron a un sobresalto y unos pies mojados.

SI ESTAS OLAS HICIERON FAMOSO el faro de la Jument, otras, mucho antes, desencadenaron su proyecto de construcción. Las agitadas aguas del *Passage du Fromveur* fueron testigo de numerosos naufragios, algunos tristemente célebres como el del vapor inglés *SS Drummond Castle*. Charles Eugène Potron, viajero y miembro de la Sociedad Geográfica de París sobrevivió a uno de ellos. Tras tan amarga experiencia, legó en su testamento cuatrocientos mil francos para levantar un faro en las proximidades de la isla de Ouessant y escribió: *Si bien es heroico remediar los desastres en la medida del poder humano, es aún mejor prevenirlos.* El donante solo puso una condición: concluir la obra en los siguientes siete años a su fallecimiento.

Con paso apresurado los trabajos se iniciaron en 1904, y aunque la luz logró encenderse a duras penas dentro del plazo acordado, una ejecución demasiado acelerada provocó que en los años siguientes la torre se resintiera. Las primeras tempestades revelaron pronto vibraciones anómalas de la estructura. Durante las tormentas, los fareros sufrían, no pocas veces, momentos de pánico en los que la torre amenazaba con desplomarse sobre el mar. Hubo sucesivos intentos de restauración, pero los trabajos fueron tan complicados y costosos que no se concluyeron hasta pasados treinta años. A pesar de las mejoras, para muchos, la Jument seguía siendo *el infierno de Ouessant*.

TRAS CATORCE AÑOS de servicio, Théo Malgorn abandonó la Jument en 1991 dejando atrás un solitario y automatizado faro. Continuó viviendo en la isla de Ouessant, paseando por sus acantilados, divisando la imponente silueta de la torre en la lejanía y recordando de vez en cuando el instante en el que una célebre ola azotó *el faro de las tormentas*.

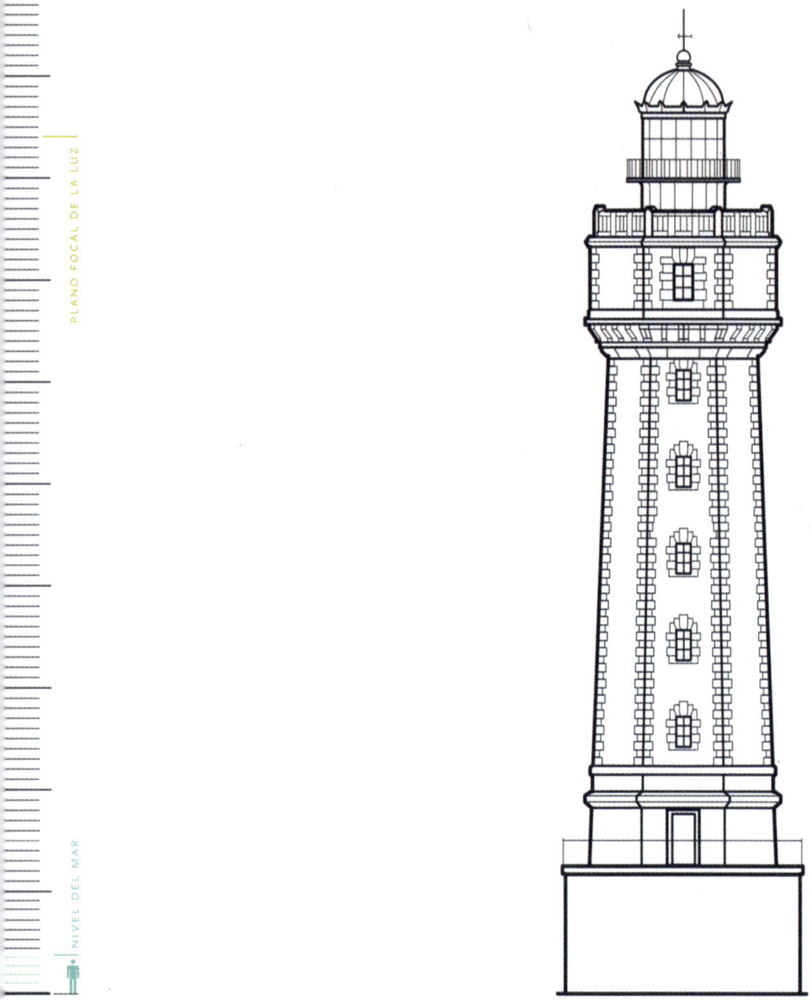

17

Faro de la Jument

Mar de Iroise
Océano Atlántico
Europa

48° 25′ 40′′ N
05° 08′ 00′′ O

Construcción: 1904-1911
Encendido: 1911
Automatizado: 1990
Activo
Torre octogonal de piedra
Altura de la torre: 47 m
Altura del plano focal: 41 m
Alcance de luz: 22 mn
Luz característica:
tres destellos rojos cada 15 s

En el invierno de 2017 se midió la altura de las olas que golpeaban a la Jument. La más grande alcanzó más de veinticuatro metros y medio.

La película de Philippe Lioret, *L'Équipier*, producida en 2004, narra una historia ambientada en la isla de Ouessant, con los guardianes de la Jument como protagonistas.

El faro de la Jument fue catalogado como monumento histórico francés en diciembre de 2015.

1000 m
Île de Keller
Baie de Beninou
Le Stiff
Baie du Stiff
Men Korn
Île d'Ouessant
Lampaul
Porsguen
Créac'h
Pointe de Pern
Nividic
Baie de Lampaul
Toulallan
Baie de Penn ar Roc'h
Passage du Fromveur
Penn ar Viler
Kéréon
Bannec
La Jument
Mer d'Iroise
France

18

Faro de Klein Curaçao

Klein Curaçao, Curaçao (Reino de los Países Bajos)

Frente a las costas de Venezuela, una pequeña porción de Holanda se extiende por el Sur del mar Caribe. En la isla de Curaçao se establecieron durante el siglo XVII colonos llegados de los Países Bajos y las oficinas de la Compañía Neerlandesa de las Indias Occidentales, encargadas de administrar el comercio de esclavos en gran parte del Atlántico. La capital, Willemstad, se enriqueció gracias a esta lucrativa actividad y hoy, además de contar con una arquitectura colonial reconocida como patrimonio de la humanidad, es un turístico paraíso fiscal.

Debido a los vientos del Noroeste y a las fuertes corrientes marinas los barcos naufragan con frecuencia en una isla que se encuentra a un par de horas navegando al Sur de Curaçao. En una excursión por la orilla de barlovento de Klein Curaçao —La Pequeña Curaçao—, además de miles de botellas de plástico y otras basuras contemporáneas, se pueden apreciar las ruinas oxidadas del petrolero *Maria Bianca Guidesman* que embarrancó en la década de los años sesenta, algunos residuos procedentes del carguero alemán *Magdalena* que encalló en 1934 y los restos recientes del yate francés *Tchao* que reposan sobre la playa como si esta fuese su cementerio.

Hacia Klein Curaçao se aproximaron rutas infames. Las de todos los barcos que transportaban hacia el Caribe esclavos procedentes de África. Aquellos que estaban enfermos desembarcaban en la isla para permanecer en cuarentena hasta que mejoraban o perecían. Los que no sobrevivían a la travesía eran enterrados bajo sus arenas.

Hubo allí un primer faro, el del Príncipe Hendrik, pero un huracán se lo llevó en 1877, antes de que cumpliera treinta años. La isla permaneció en una oscuridad incierta hasta 1913, cuando se encendió la luz de la torre que todavía se alza, sobrecogedora, en el centro de este solitario lugar. El faro de tonos rosados —como muchos de los edificios de Willemstad— permaneció algún tiempo activo para ser olvidado a medida que el siglo XX avanzaba. Su ruina ha sobrevivido a la intemperie y hoy se erige como el fantasmal esqueleto de otro naufragio que se internó tierra adentro.

En la primera década del siglo XXI el faro recupera su luz en forma de linterna automatizada que emite dos destellos cada quince segundos. Es también en esta misma época cuando el Gobierno holandés expresa *su profundo pesar y remordimiento* por la participación de los Países Bajos en el comercio internacional de esclavos.

18

Faro de Klein Curaçao

Mar Caribe

América del Sur

11° 59′ 23′′ N
68° 38′ 35′′ O

Construcción: 1850 y 1879
Encendido: 1850 y 1913
Automatizado: 2008
Activo
Torre cilíndrica de mampostería
Altura de la torre: 20 m
Altura del plano focal: 25 m
Alcance de luz: 15 mn
Luz característica:
dos destellos blancos cada 15 s

En 1871, un ingeniero inglés llamado John Godden comenzó a explotar fosfato de guano en Klein Curaçao. La minería y los rebaños de cabras introducidos por los colonos acabaron por desertizar el frágil ecosistema de la isla.

Aunque Klein Curaçao está deshabitada, se puede tomar un barco desde Willemstad para llegar hasta allí. Es posible hacer excursiones en el entorno del faro y el edificio de la cuarentena de los esclavos.

1500 m
CURAÇAO
SANTA BARBARA
Awa di Oostpunt
Punt Canon
KLEIN CURAÇAO
CARIBISCH NEDERLAND
VENEZUELA

19 Faro de Lime Rock

Lime Rock, Newport, Rhode Island (EE. UU.)

El primer rescate se produce un día lúgubre de otoño. Cuatro reclutas novatos navegan despreocupados cerca de Fort Adams. Uno de ellos escala el mástil de la embarcación y comienza a balancearse. Pero la táctica empleada para gastar una broma a sus amigos tiene un desafortunado desenlace. El velero vuelca y los jóvenes, que apenas saben nadar, luchan desesperados por mantenerse a flote. Una muchacha observa la escena desde la ventana del faro. Inmediatamente sale en su auxilio y, con ayuda de un pequeño bote, logra ponerlos a salvo. Ida Lewis solo tiene doce años.

Transcurre el año 1858. Cinco antes su padre es nombrado guardián de Lime Rock, un edificio de ladrillo dividido en dos plantas, coronado en su esquina Noroeste por una tenue linterna de luz blanca y fija. El pequeño faro, situado a unos trescientos metros de la costa, guía la navegación hacia el puerto interior de Newport. Cuando su padre sufre una apoplejía que le deja incapacitado, Ida y su madre asumen las tareas del faro. Ida no solo cuida de la luz, sino que rema diariamente para llevar a sus hermanos pequeños a la escuela. Ya entonces es considerada la mejor nadadora de Newport.

Los rescates se fueron sucediendo a lo largo de los años: un sargento, un soldado, cinco mujeres... Algunos de ellos en condiciones tan difíciles que Ida necesitaba días para recuperarse del esfuerzo. A la edad de veintisiete años, con un estatus de celebridad que no buscaba, ocupaba páginas en las revistas más populares de la época y cientos de personas se acercaban a Lime Rock para conocerla. Los ciudadanos de Newport le regalaron un bote llamado *Rescue* con escálamos bañados en oro y cojines de terciopelo rojo. Hasta el presidente Ulysses S. Grant fue a visitarla y, cuando se mojó los pies al intentar llegar a la roca, declaró: *He venido a ver a Ida, y para ello me hundiría hasta las axilas si fuese necesario.*

Se casó en silencio con William Wilson y el matrimonio se estableció en Black Rock Harbour. Pero su vida en pareja fue breve. Ida no concebía estar lejos del faro y pronto regresó a Lime Rock. Fue nombrada oficialmente su guardiana en 1879.

A veces las gotas de lluvia se lanzan contra las gruesas ventanas de tal forma que no puedo ver nada y durante días las olas son tan altas que ningún bote se atrevería a acercarse a la roca, ni siquiera aunque estuviésemos hambrientos. Pero estoy feliz. Hay una paz en esta roca que no consigo en la costa. Cientos de barcos entran y salen de este puerto en verano y parte de esta felicidad es que dependan de mí para guiarlos.

Allí, en el faro, una mañana de octubre de 1911 la luz de Idawalley Zoradia Lewis se apagó para siempre. Lime Rock pasará a la historia como el faro de Ida Lewis.

PLANO FOCAL DE LA LUZ

NIVEL DEL MAR

19

Faro de Lime Rock

BAHÍA NARRAGANSETT
OCÉANO ATLÁNTICO
AMÉRICA DEL NORTE

41° 28′ 40′′ N
71° 19′ 35′′ O

Construcción: 1853
Encendido: 1854
Automatizado: 1927
Desactivado: 1963
Torre de ladrillo adosada a la casa
Altura de la torre: 4 m
Altura del plano focal: 9,1 m
Lente original: Fresnel 6° orden

A finales de la década de 1920 se construyó una pasarela de madera para poder llegar a pie hasta la roca y tanto la vivienda como el faro de Lime Rock fueron adquiridos por un grupo de navegantes interesados en preservar su historia. Se constituye así el Club de Yates Ida Lewis que continúa su actividad hasta nuestros días. Su bandera o gallardete tiene un faro azul sobre fondo rojo y dieciocho estrellas blancas, en representación de cada una de las vidas que salvó Ida Lewis.

500 m
Oting Rock
ROSE
Fort Hamilton
NEWPORT
GOAT
NARRAGANSETT BAY
JAMESTOWN
Fort Adams
LIME ROCK
Newport Neck
BRENTON COVE
Point of Trees
RHODE ISLAND
UNITED STATES
RHODE ISLAND

20 Faro de Longstone

Longstone Rock, Islas Farne, Northumberland (Reino Unido)

Grace Darling murió de tuberculosis con veintiséis años. Aunque provenía de una familia humilde sus restos descansan en un gran mausoleo dentro de la iglesia de San Aidan. En Bamburgh, su ciudad natal, le han dedicado un museo. Abrió sus puertas cien años después del naufragio del *SS Forfarshire*. De Grace no se conserva ninguna fotografía, pero la exposición recoge diversos objetos relacionados con su vida, como un vestido que compartía con su hermana, una trenza de su pelo blanqueada por el tiempo o el bote de remos utilizado en el rescate. En otra vitrina se puede ver un libro de texto escrito con *kanjis* para que escolares japoneses conozcan su historia.

El 7 de septiembre de 1838 el *SS Forfarshire* se quiebra en dos. A las seis y media del día anterior partió de Hull, a las diez de la noche sus motores fallaron, a las tres de la madrugada se hizo pedazos contra Big Harcar. El vapor con destino a Dundee había sido sorprendido por un fuerte temporal y arrastrado a la deriva hasta los arrecifes de las islas Farne. A bordo, el capitán Humble y su tripulación, cuarenta pasajeros y una carga de algodón y cobre.

Grace observaba cómo la tempestad golpeaba la ventana del faro. Esa noche no podía dormir. Con las primeras luces del día pudo distinguir claramente los restos de un naufragio y, sobre un islote lejano, siluetas que le parecían humanas. Se lo comunicó a su padre William, guardián de Longstone, y aunque era temerario navegar en medio de la tormenta, ambos se aventuraron al mar en un pequeño *coble*. Remaron contra un mar proceloso durante un terrible kilómetro. Sobre la roca de Big Harcar encontraron nueve maltrechos supervivientes. La señora Dawson sostenía en su regazo los cuerpos sin vida de sus dos hijos pequeños y el reverendo Robb, con las manos entrelazadas, acababa de expirar. Grace maniobró el bote, azotado por olas embravecidas, aproximándolo a la roca mientras su padre ayudaba a los náufragos.

Al mismo tiempo, un bote de salvamento con siete hombres salió de North Sunderland. Pero entre las ruinas del *Forfarshire* no encontraron a nadie con vida. Exhaustos, y ante las dificultades para retornar a puerto, buscaron refugio en el faro de Longstone. Allí, para su sorpresa, encontraron al calor del fuego a la familia Darling junto a los supervivientes del desastre. El temporal se prolongó y diecinueve personas tuvieron que compartir, durante varios días, las angostas dependencias del faro antes de poder regresar a tierra.

La noticia se propagó como un reguero de pólvora y los periódicos convirtieron el rescate en un éxito mediático. Grace recibió halagos, medallas y recompensas. El relato de su valentía fue ensalzado para la posteridad.

20

Faro de Longstone

MAR DEL NORTE
OCÉANO ATLÁNTICO
EUROPA

55° 38′ 38′′ N
01° 36′ 39′′ O

Ingeniero: Joseph Nelson
Construcción: 1825
Encendido: 1826
Automatizado: 1990
Activo
Torre cilíndrica de piedra
Altura de la torre: 26 m
Altura del plano focal: 23 m
Alcance de luz: 18 mn
Luz característica:
un destello blanco cada 20 s

Aunque las islas Farne están deshabitadas, fueron durante la Edad Media lugar de retiro para monjes y ermitaños. Célebres santos como San Aidan, San Cutberto o San Bartolomé de Farne se confinaron durante muchos años allí.

De los seis faros que desde 1773 han iluminado estas islas, actualmente se conservan dos operativos; el faro de Farne (Inner Farne) y el de Longstone (Outer Farne).

NORTH SEA
500 m
LONGSTONE
North Wamses
Big Harcar
Brownsman
Staple
STAPLE SOUND
Crumstone
Megstone
FARNE ISLANDS
Solan Rock
Knoxes Reef
The Bush
FARNE SOUND
Inner Farne
INNER SOUND
SEAHOUSES
UNITED KINGDOM

21 Faro de Maatsuyker

Isla de Maatsuyker, Tasmania (Australia)

Más al Sur no hay ninguna luz. Solo un mar embravecido y los Rugientes Cuarenta. El siguiente trozo de tierra al que llegar es la Antártida.

Maatsuyker es un peñasco desprendido de Tasmania, atrapado entre el Pacífico y el Índico. Salvaje, despoblada, inaccesible; algunos la llaman la Solitaria del Sur, aunque, en realidad, *South Solitary* es el nombre de una isla australiana situada mil seiscientos kilómetros más al Norte y más cercana a un lugar habitado. Maatsuyker es la isla del viento —soporta vendavales constantes de cien kilómetros por hora— y es la isla del agua —llueve al menos cinco días a la semana—. A veces los vientos aúllan en feroces tormentas y poseen la fuerza necesaria para derribar a una persona. Vuelan el techo del refugio de los fareros, rompen ventanas y balancean la torre hasta casi doblegarla.

Los rayos allí no son menos famosos que el viento. John Cook, un guardafaro que sirvió en Maatsuyker durante ocho años, confesó que el momento más aterrador de su estancia en la isla fue cuando un rayo alcanzó la torre y la fuerza del estruendo lo lanzó contra la pared. Otro rayo caído en 2015 dejó a la estación sin suministro eléctrico durante semanas.

Aun así, para John Cook también hubo momentos cálidos y deliciosos en los que avistó marsopas y ballenas, contempló auroras australes bajo el cielo nocturno o admiró inigualables puestas de sol.

Me encantaba la vida de la isla porque sabía que mi cuerpo estaba más vivo que los de tierra firme. La gente preguntaba cómo resistíamos la soledad y el aburrimiento, pero mantener los sentidos alerta era realmente estimulante.

Cuando se instaló el faro en 1891, la única forma de comunicarse con el exterior si surgía alguna urgencia era mediante palomas mensajeras. Se enviaban a Hobart de tres en tres con la esperanza de que al menos una de ellas alcanzase el objetivo. Además, el trabajo era duro. Subir ciento veinticinco escalones hasta la linterna, prender las lámparas de queroseno, bombear gas cada veinte minutos para conseguir una luz inmaculada e intensa. Esta tarea se prolongó todas las noches hasta que electrificaron el faro y cambiaron sus lámparas. Desde entonces, los barcos pesqueros del Sur de Tasmania navegan guiados por una luz mucho más triste. Según Cook esto supuso *el principio del fin*. La llegada de la electricidad añadiría la profesión de farero a la lista de oficios en peligro de extinción.

John Cook ha publicado sus memorias bajo el título de *The Last Lighthouse Keeper* (El último farero). A sus ochenta y cinco años sus ojos azules todavía siguen buscando horizontes. En su testamento ha dejado escrito un deseo: descansar en Maatsuyker para toda la eternidad.

PLANO FOCAL DE LA LUZ

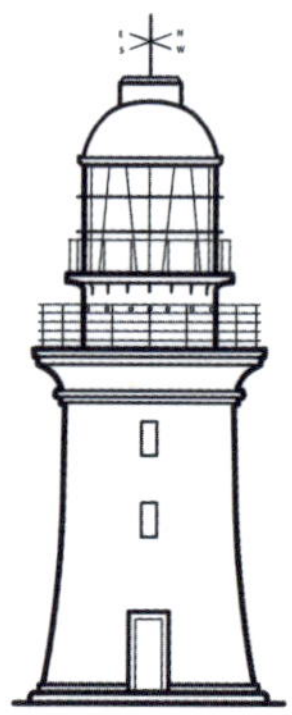

21

Faro de Maatsuyker

OCÉANO PACÍFICO
Y OCÉANO ÍNDICO
OCEANÍA

43° 39′ 25′′ S
146° 16′ 17′′ E

Construcción: 1891
Encendido: 1891
Automatizado: 1996
Activo
Torre cónica de ladrillo
Altura de la torre: 15 m
Altura del plano focal: 140 m
Alcance de luz: 26 mn
Luz característica:
un destello blanco cada 7,5 s
omitido uno de cada cuatro destellos

El faro original se sustituyó en 1996. Aunque el nuevo faro está automatizado con energía solar, en los últimos años se instauró un programa de voluntariado para que una pareja habitara la isla durante seis meses. Los inquilinos temporales se comprometían a desempeñar tareas de vigilancia y mantenimiento de las instalaciones y realizar mediciones meteorológicas. En la primera convocatoria se recibieron más de mil solicitudes.

LA LÍNEA DEL NIVEL DEL MAR ESTARÍA SITUADA POR DEBAJO DE ESTA PÁGINA

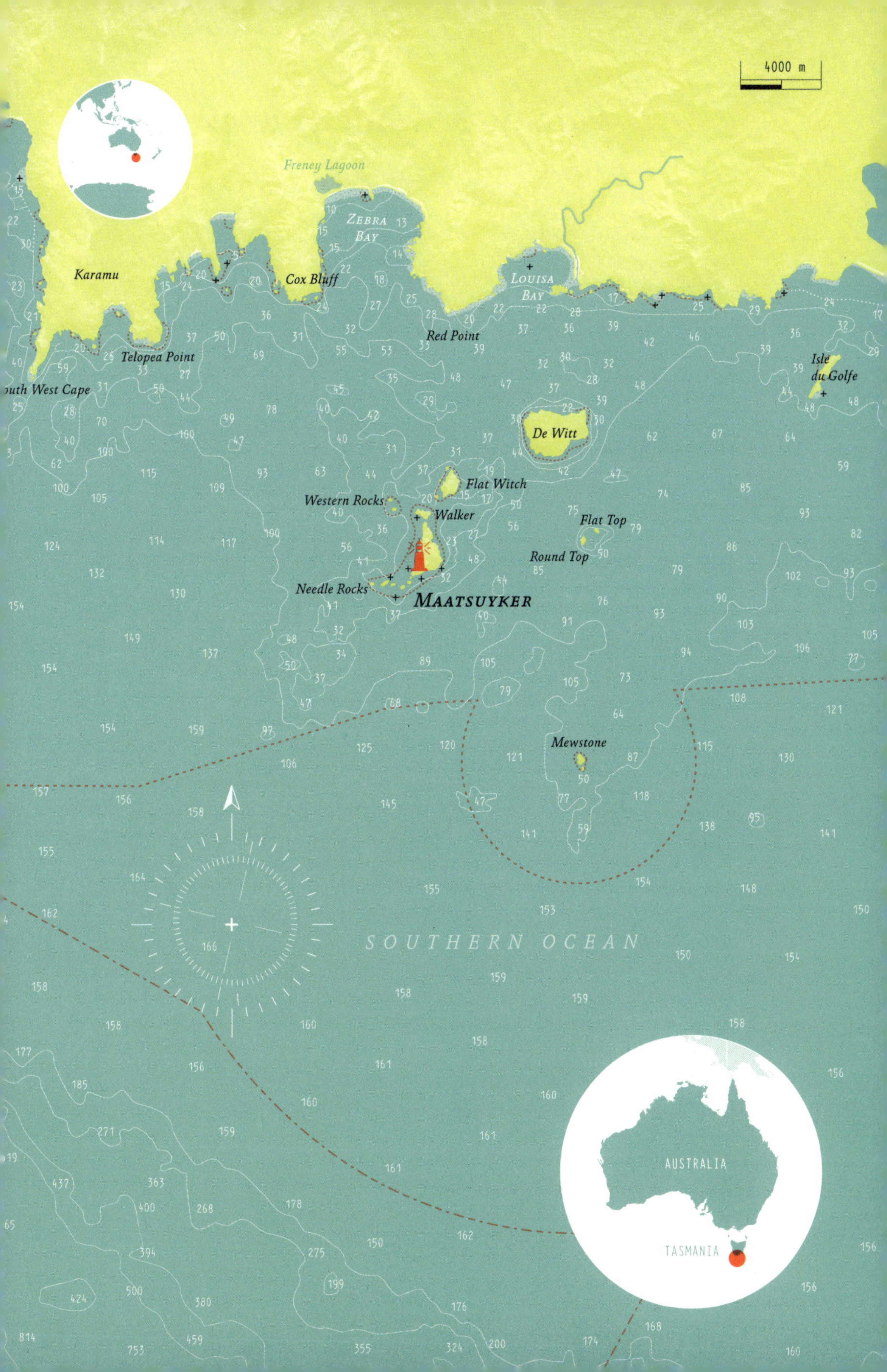
4000 m
Freney Lagoon
Zebra Bay
Karamu
Cox Bluff
Louisa Bay
Red Point
Telopea Point
South West Cape
Isle du Golfe
De Witt
Flat Witch
Western Rocks
Walker
Flat Top
Round Top
Needle Rocks
Maatsuyker
Mewstone
Southern Ocean
Australia
Tasmania

22 Faro de Matinicus Rock

Matinicus Rock, Criehaven, Maine (EE. UU.)

Cuando el inexperto Kevin Arsenault fue destinado como asistente de un faro del que apenas conocía nada, preguntó a sus compañeros de la Guardia Costera cómo era la vida en aquel lugar. Uno de ellos le aseguró que había una joven esperando detrás de cada árbol.

Si Arsenault hubiera leído el informe anual de la Junta de Faros de 1891, hubiera sabido que en Matinicus Rock *no hay ni árbol, ni arbusto, y apenas una brizna de hierba sobre las piedras. Su superficie no es más que un desordenado montón de rocas sueltas, con frecuencia barridas y desplazadas por las olas.*

Efectivamente, en la agreste isla prosperaron más los faros que las plantas, pues dos torres gemelas se alzaron en sus extremos para iluminar las más peligrosas aguas de Maine.

Pero en Matinicus Rock sí hubo mujeres y si por algo destacaron fue por su valentía y coraje. Abbie Burgess llegó, con catorce años, acompañada de sus padres y sus hermanas pequeñas. Abbie ayudaría a su padre, encargado de custodiar del faro, en las tareas de mantenimiento de la luz y cuidaría de su madre, incapacitada por una enfermedad.

En enero de 1856, Samuel Burgess salió a buscar provisiones en un bote. Durante su ausencia, se levantó una repentina tormenta que le impidió regresar. Al cabo de tres días, los vientos aumentaron su fuerza y el mar se agitó más y más hasta dejar gran parte de la isla bajo el agua. Cuando la casa donde vivían se inundó, Abbie trasladó a su madre y a sus hermanas hasta el único lugar seguro donde resguardarse: la torre Norte. Con el agua hasta las rodillas se aventuró a rescatar las gallinas que aún quedaban en el corral. Logró salvar a todas menos una. Instantes después una terrible ola alcanzó la isla y se llevó la casa y el gallinero. Sin poder salir del faro durante cuatro semanas, resistieron con una ración diaria de una taza de maíz y un huevo. Abbie mantuvo las luces encendidas. Por fin la tormenta amainó. Samuel Burgess regresó a la isla angustiado ante la idea de no volver a ver a su familia. Sin embargo, hubo un feliz reencuentro. Todos estaban sanos y salvos.

Cinco años después, Matinicus Rock tendría nuevo farero; John Grant llegó acompañado de su hijo Isaac para atender la luz de la isla. La familia Burgess tuvo que mudarse, pero Abbie permaneció algún tiempo en el faro para enseñar su funcionamiento a los cuidadores recién llegados. Entre Abbie e Isaac surgió un romance tan impetuoso como el oleaje atlántico. Abbie ya no abandonaría Matinicus Rock. La pareja se casó al año siguiente y del matrimonio nacieron cuatro hijos que crecieron entre vientos implacables.

22

Faro de Matinicus Rock

OCÉANO ATLÁNTICO

AMÉRICA DEL NORTE

43° 47′ 05′′ N
68° 51′ 18′′ O

Ingeniero: Alexander Parris
Construcción: 1827
Encendido: 1846
Automatizado: 1983
Activo
Torres cilíndricas de granito
Altura de la torre: 14,5 m
Altura del plano focal: 27 m
Alcance de luz: 20 mn
Luz característica:
un destello blanco cada 10 s

Abbie Burgess falleció en 1892. En su última carta escribió que a menudo soñaba con las viejas lámparas de Matinicus Rock y se preguntó si su alma seguiría cuidando del faro después de que dejara su cuerpo agotado.

El faro está catalogado como Lugar Histórico de los Estados Unidos desde 1988.

1000 m
No Mans Land
Matinicus
Wheaton
Tenpound
Ragged
Wooden Ball
Atlantic Ocean
Matinicus Rock
Maine
United States

23

Faro de Navaza

Isla de Navaza, Islas Ultramarinas (EE. UU.)

A principios del siglo XIX el guano era una materia prima codiciada. Este abono orgánico, originado por la acumulación masiva de deposiciones de aves marinas, se reveló como un eficaz fertilizante en la creciente agricultura intensiva. Es fácil entender el repentino interés que suscitaron cientos de pequeñas islas, islotes, rocas y cayos que, tras miles de años, habían quedado sepultados bajo los excrementos de albatros, cormoranes, alcatraces y gaviotas.

En 1856 el Congreso de los Estados Unidos autoriza legalmente a sus ciudadanos a tomar posesión de toda isla que contuviera guano y que no estuviese bajo la jurisdicción de otro país. Durante la segunda mitad del siglo XIX, más de cien islas fueron ocupadas en nombre de la *Ley de las Islas Guaneras*.

Dos embarcaciones enviadas por Cristóbal Colón desde Jamaica hacia *La Española* se toparon con una anodina isla y, aunque siguieron de largo porque *era toda de piedra* y *no había en ella agua dulce viva, ni árbol alguno, sino peñascos*, la bautizaron *Navaza*. Los marinos evitaron desembarcar allí durante los siguientes trescientos años hasta que, en 1857, Peter Duncan, un capitán estadounidense, reclamó la isla. Navaza contenía un millón de toneladas de guano.

Ciento cuarenta obreros afroamericanos de Maryland fueron los encargados de explotar el fertilizante, bajo el férreo control de sus supervisores blancos y el duro sol tropical. En 1889 estalla un motín entre los trabajadores y cinco capataces mueren de forma violenta. Los cabecillas son juzgados y condenados en Baltimore. Después de la revuelta, la explotación entra en declive hasta que, en plena Guerra de Cuba, la compañía de fosfatos se declara en bancarrota.

La isla permanece deshabitada y solo es frecuentada después de la apertura del Canal de Panamá cuando el *Paso de los Vientos* se anuncia como la ruta de navegación más rápida desde la costa Este norteamericana hacia el Pacífico. Se levanta entonces un gran faro de hormigón de casi cincuenta metros de altura y unas dependencias para albergar a sus cuidadores. Durante quince años, la estación permanece atendida por fareros de la Guardia Costera de los Estados Unidos. Pero nadie resiste demasiado tiempo bajo el sofocante calor de este apartado lugar. En 1929 el ingeniero George R. Putnam desarrolla un sistema para que la luz funcione de forma autosuficiente y Navaza se transforma en uno de los primeros faros automatizados del mundo.

La luz enmudece en 1996. Desde entonces, gatos, perros y cerdos vagan salvajes alrededor de la gigantesca torre. Higueras y matorrales crecen descontroladamente sobre la tierra olvidada. Un colosal hito señala la exuberante maleza tropical que se adueña despiadada de la isla.

PLANO FOCAL DE LA LUZ

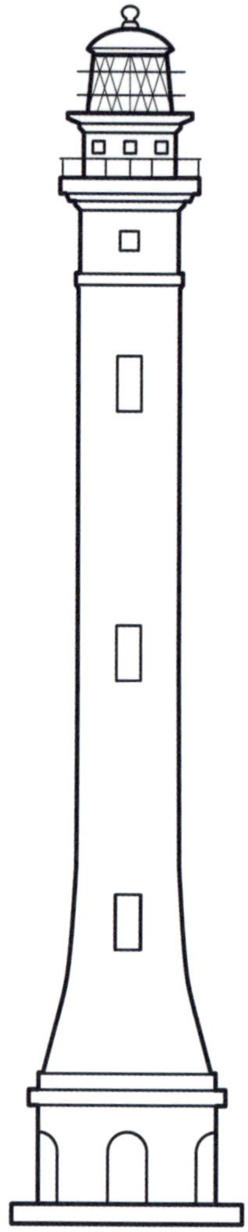

LA LÍNEA DEL NIVEL DEL MAR ESTARÍA SITUADA POR DEBAJO DE ESTA PÁGINA

23

Faro de Navaza

Mar Caribe

América Central

18° 24′ 01′′ N

75° 00′ 39′′ O

Construcción: 1917
Encendido: 1917
Automatizado: 1929
Desactivado: 1996
Torre de hormigón y base de piedra
Altura de la torre: 49,3 m
Altura del plano focal: 120 m
Lente original: Fresnel 2° orden

Navaza es un territorio en disputa desde hace más de doscientos años. Aunque fue la primera isla ocupada por los Estados Unidos en virtud de Ley de las Islas Guaneras, ya había sido oficialmente reclamada por Haití en 1804. Actualmente, y pese al contencioso, es el Servicio de Pesca y Vida Silvestre de EE. UU. quien se encarga de la administración de la isla.

500 m
CARIBBEAN SEA
Northwest Point
Northeast Point
NAVASSA ISLAND
LULU BAY
East Point
South Point
JAMAICA CHANNEL
JAMAICA
HAITI

24

Faro de la isla Robben

ISLA ROBBEN, CIUDAD DEL CABO (SUDÁFRICA)

COMO RECUERDO DEL TIEMPO que pasó en Robben, Nelson Mandela realizó una serie de coloridos bocetos. Los dibujos representaban los lugares que permanecieron en su memoria: *el puerto, la iglesia, la ventana, el faro* y *la celda.*

LA ISLA DE LAS FOCAS —*robben* en neerlandés— es un pedazo de tierra africana que hace doce mil años se aventuró en el océano. Algunos barcos cargados de tesoros naufragaron en sus costas y desde los albores de la colonización europea de Sudáfrica se encendieron hogueras en su punto más al alto para advertir a los navíos de la necesidad de rodearla. Jan van Riebeeck, impulsor de la producción de vino, el comercio de pieles, la trata de esclavos y administrador de Ciudad del Cabo, levantó allí el primer faro sobre territorio sudafricano en 1657. Y aunque este sucumbió pronto a las tormentas, hoy todavía se mantiene viva la luz de la torre que Joseph Flack construyó en 1864.

LOS FAROS, LAS ISLAS Y LAS PRISIONES han estado a menudo unidos por vínculos demasiado sombríos. Los holandeses, además de instalar una señal luminosa en Robben, encontraron el lugar adecuado para desterrar a los *ciudadanos no deseados.* Muchos líderes de movimientos anticoloniales acabaron con sus huesos en la isla. Más tarde, bajo el mandato británico, a la perversa prisión se le unió una leprosería y un hospital de enfermos mentales. Durante casi un siglo la colonia albergó cientos de pacientes; mientras, el penal extendía sus rejas y consolidaba sus muros.

Fareros y guardias de la prisión tuvieron una relación estrecha. Los torreros y sus familias dependían de los servicios penitenciarios para el suministro de bienes y alimentos. Los centinelas, también recluidos en la isla buena parte de su tiempo, pasaban sus horas libres a los pies del faro y varios de ellos acabaron casándose con hijas de fareros.

MANDELA LLEGÓ A LA ISLA ROBBEN en invierno de 1964 y permaneció los siguientes dieciocho años encerrado en una celda de cuatro metros cuadrados. Tenía un cubo como aseo, desde las seis de la mañana trabajaba en una cantera que casi lo deja ciego y en todo un año solo podía recibir dos cartas y una visita de treinta minutos. La prisión de máxima seguridad donde vivió encarcelado junto a otros activistas políticos fue uno de los más despiadados exponentes de la represión racial durante el *apartheid* en Sudáfrica.

Iluminados por una luz intermitente, Nelson Mandela, Walter Sisulu, Govan Mbeki y Ahmed Kathrada unieron su determinación para luchar contra la opresión. Allí, recluidos, forjaron su liderazgo sin saber que se convertirían en los héroes que dirigirían el futuro destino de Sudáfrica.

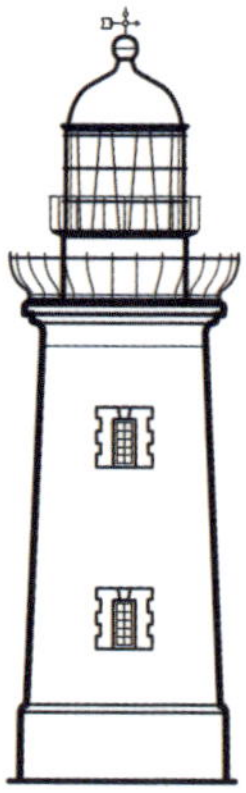

24

Faro de la isla Robben

Océano Atlántico

África

38° 48′ 52′′ S
18° 22′ 29′′ E

Ingeniero: Joseph Flack
Construcción: 1865
Encendido: 1865
Activo
Torre cilíndrica de mampostería
Altura de la torre: 18 m
Altura del plano focal: 30 m
Alcance de luz: 24 mn
Luz característica:
un destello intermitente de luz roja de 5 s de duración cada 7 s

La isla Robben fue declarada Patrimonio de la Humanidad por la Organización de las Naciones Unidas para la Educación, la Ciencia y la Cultura (UNESCO) en 1999. La antigua cárcel alberga hoy un museo dedicado a la memoria de las víctimas del *apartheid*. Algunos de los antiguos presos políticos trabajan allí y relatan las experiencias de su vida en Robben a los visitantes.

MELKBOSSTRAND
2000 m
BIG BAY
Bluestone Quarry
Voelsteen
MURRAY'S BAY
ROBBEN ISLAND
BLOUBERGSTRAND
Rietvlei
TABLE BAY
ATLANTIC OCEAN
GRANGER BAY
MILNERTON
GREEN POINT
V&A WATERFRONT
SEA POINT
CAPE TOWN
CLIFTON
TABLE MOUNTAIN
BAKOVEN
SOUTH AFRICA

25 Faro de Rocher aux Oiseaux

Roca de los Pájaros, islas de Madeleine, Quebec (Canadá)

El naturalista John James Audubon navegaba a treinta kilómetros del archipiélago de Madeleine, unas islas donde la pérdida de embarcaciones era tan frecuente que gran parte de su población tenía apellidos de náufragos y sus casas estaban levantadas con restos de barcos. Sus ojos avistaron un aislado peñón con acantilados rojizos salpicados de diminutas manchas pálidas. Cuando se aproximó lo suficiente, infinitos puntos blancos levantaron el vuelo y ocultaron el cielo como si se hubiese desatado una repentina tormenta de nieve. Miles de aves marinas le daban la bienvenida a *Rocher aux Oiseaux*, la Roca de los Pájaros.

En 1870 se estableció allí una señal luminosa y Peter Mitchell, ministro de Marina y Pesca, declaró: *Me complace comunicar que en el emplazamiento más difícil de todo Canadá, debido al peligro de acercarse a él por las constantes rompientes a su alrededor, ha tenido éxito la construcción de un faro y las viviendas para sus cuidadores.*

Brilló la luz y nació un mal augurio. El primer farero, tras desembarcar en la roca, presentó su renuncia y advirtió: *Nadie guardará este faro durante diez años seguidos sin enfrentar la desgracia.* El paso del tiempo constató el presagio en la siguiente cronología. 1872: tras unos meses de solitario trabajo, el guardián Preston abandona el faro atado a una camisa de fuerza. 1880: el farero Peter Whalen y su hijo mueren congelados a escasos kilómetros del faro. El día anterior habían salido al mar a cazar focas. El ayudante Thivierge sobrevivió milagrosamente. 1881: en un día brumoso el guardián Charles Chiasson vuela por los aires al disparar el cañón de niebla. En el accidente también fallecen su hijo y un amigo. 1891: el farero Télesphore Turbide pierde un brazo al manipular el mismo cañón. 1897: sobre un mar helado, el guardián Arsene Turbide logra caminar noventa kilómetros hasta el cabo Bretón. Tres días antes había salido del faro acompañado de dos hombres para cazar focas. Fallece tras dos semanas de agonía. Su primo Charles y el ayudante Cormier no fueron encontrados. 1897: una noche de visibilidad escasa, el asistente Melanson resulta gravemente herido al disparar una pistola de señales. 1911: el guardián Wilfrid Bourque toma su escopeta y sale a buscar patos. Horas más tarde su cuerpo aparece sin vida flotando junto al islote. 1922: Albin Bourque y sus dos asistentes enferman repentinamente. Albin muere en el trayecto al hospital y sus compañeros sobreviven con secuelas. El depósito de agua había sido contaminado por excrementos de pájaros.

En 1955, el guardafaro Alfred Arsenault se retira felizmente del puesto tras más de doce años al frente del faro sin que ocurriera ninguna tragedia. Cuando le preguntan si le había preocupado la profecía, se encoge de hombros.

PLANO FOCAL DE LA LUZ

25

Faro de Rocher aux Oiseaux

GOLFO DE SAN LORENZO
OCÉANO ATLÁNTICO
AMÉRICA DEL NORTE

47° 50′ 17′′ N
61° 08′ 44′′ O

Construcción: 1870-1887-1967
Encendido: 1870
Automatizado: 1987
Desactivado: 2011
Torre de madera y hormigón
Altura de la torre: 15,2 m
Altura del plano focal: 49 m
Alcance de luz: 21 mn

El desolado islote fue nombrado por el capitán Jacques Cartier como *Rocher aux Margaulx* —Roca de los Alcatraces— cuando en 1535 navegaba por el golfo de San Lorenzo en busca del paso del Noroeste.

Solo es posible acceder a la base del faro a través de una escalera de 147 escalones ubicada en el acantilado Norte.

Hoy, la roca es un santuario de aves migratorias y un área marina protegida de Canadá.

LA LÍNEA DEL NIVEL DEL MAR ESTARÍA SITUADA POR DEBAJO DE ESTA PÁGINA

3000 m
ROCHER AUX OISEAUX
ÎLE BRION
GULF OF ST LAWRENCE
Étang de l'Est
Pointe de l'Est
GROSSE ÎLE
Old Harry
LES ÎLES DE LA MADELEINE
CANADA

26 Faro de Rubjerg Knude

Rubjerg, Hjørring, Jutlandia (Dinamarca)

La duna se desplaza lentamente, tan silenciosa que puede engullir la torre sin que esta oponga resistencia y sepultarla bajo una capa de doradas partículas. Una fotografía muestra un faro acosado por la arena en una escena de otra época, propia del antiguo Egipto. Un lugar sitiado, no por las aguas, sino por la tierra. Nadie diría que este paisaje desértico corresponde a un país nórdico en el siglo XXI.

Cien años antes de que se tomara esta fotografía, se erigió en la costa danesa de Vendsyssel-Thy —en un punto elevado sesenta metros sobre el mar y a doscientos metros del litoral— el faro de Rubjerg Knude.

La luz guio a los barcos mientras los vientos y el mar empujaban la arena de la playa hacia el interior. Poco a poco, una duna fue creciendo y su sombra se cernió sobre el faro. Para impedir su avance, se alzó una valla de madera y se plantaron hierbas y matorrales a su alrededor. Fueron medidas inútiles; en 1968 la duna ocultó la luz al mar. Doce años después —ya que el faro no estaba operativo y con idea de fomentar la zona como destino turístico— se retiró una gran cantidad de arena y se abrió un museo y una cafetería en los edificios adyacentes. En un intento vano por despistar a la naturaleza, el complejo funcionó durante un tiempo, pero finalmente fue abandonado en 2002. La duna había progresado implacable sobre las instalaciones, derribando techumbres y quebrando las construcciones. Solo la torre aguantó el empeño de la arena y, esperando paciente su entierro, permaneció en pie veinte años más.

Detrás de la duna se aproximaba un mar inquieto, con su incesante necesidad de conquistar terreno al litoral. Cuando las aguas se encontraban a unos pocos metros del faro y todo hacía presagiar que este se desplomaría sobre la playa, la luz huyó tierra adentro.

En una complicada intervención, el faro de Rubjerg Knude fue trasladado setenta metros hacia el interior sobre unos raíles, mediante un complejo sistema hidráulico. La operación fue presenciada por miles de personas —turistas, curiosos, periodistas, obreros— y retransmitida por la televisión danesa para varias cadenas de todo el mundo. La hazaña, en su minuto de gloria mediática, se presentaba como un *spot* publicitario: 10 semanas de planificación. 620 toneladas desplazadas. 6 horas de trayecto. 12 metros por hora de velocidad media. Más de 5 millones de coronas danesas.

El esfuerzo titánico de los seres humanos será fugaz frente al obstinado poder de la naturaleza. En el mejor de los casos obsequiará con cuarenta años más de vida al viejo faro de Rubjerg Knude.

PLANO FOCAL DE LA LUZ

26

Faro de Rubjerg Knude

Mar del Norte

Océano Atlántico

Europa

57° 26′ 56′′ N

09° 46′ 28′′ E

Construcción: 1899
Encendido: 1900
Desactivado: 1968
Torre cuadrada de mampostería
Altura de la torre: 23 m
Altura del plano focal: 90 m
Alcance de luz: 18 mn

La óptica original del faro fue construida por una empresa francesa, *Barbier & Bénard*.

El maestro albañil Kjeld Pedersen de Lønstrup fue el encargado de dirigir el traslado de la torre el 22 de octubre de 2019.

Rubjerg Knude no es lo que se dice un lugar aislado. El faro atrae a más de 250.000 visitantes cada año.

LA LÍNEA DEL NIVEL DEL MAR ESTARÍA SITUADA POR DEBAJO DE ESTA PÁGINA

10000 m
SKAGERRAK
TANNIS BUGT
ÅLBÆK BUGT
SKAGEN
ÅLBÆK
HIRTSHALS
TVERSTED
TORNBY
LØNSTRUP
HØRRING
RUBJERG KNUDE
NØRREJYSKE Ø
TÅRS
FREDERIKSHAVN
Hirsholm
DANMARK

27 Faro de San Juan de Salvamento

Isla de los Estados, Patagonia (Argentina)

Las compañías de viajes de la Patagonia argentina anuncian excursiones para visitar el faro del Fin del Mundo, aunque sus barcos solo llegan hasta el faro Les Éclaireurs. Este ofrece al turista una pintoresca escena sobre el canal Beagle, pero el auténtico se halla algo más lejos, más allá de los confines de la isla Grande de Tierra de Fuego. Fue ese pequeño faro situado a trece mil kilómetros de Amiens —la ciudad francesa donde residía Julio Verne— el que inspiró al escritor para crear una de sus últimas novelas, *El Faro del Fin del Mundo.*

En 1884 se estableció en la deshabitada isla de los Estados una subprefectura marítima, un penal militar, una estación de salvamento y el primer faro construido sobre territorio argentino. El faro de San Juan de Salvamento consistía en una humilde casa de madera de seis metros de altura. Su débil luz no proporcionaba una buena visibilidad ya que las nubes se encaramaban con frecuencia sobre la isla ocultando el faro. Tal vez por este motivo el Gobierno argentino decidió levantar otro llamado de Año Nuevo en isla Observatorio, situada más al Norte y menos expuesta a los rigores climáticos de las latitudes australes. La luz del faro de San Juan de Salvamento se mantuvo encendida hasta octubre de 1902, tres años antes de que la novela de Verne fuera publicada póstumamente.

En medio de una tormenta de nieve y un mar azotado por los Cincuenta Aulladores —los implacables vientos antárticos— un insignificante kayak se encuentra a la deriva frente a los acantilados de la isla de los Estados. El aventurero francés André Bronner emite una plegaria para apaciguar a los elementos y jura que si logra sobrevivir a la tempestad regresará algún día a ese lugar. Dos años después, en 1995, cumple su promesa y permanece en la isla durante meses en un solitario aislamiento, con un mínimo equipo de supervivencia. Sentado sobre las ruinas del viejo faro y fascinado por el relato de Verne, comienza a dar forma a un sueño: el proyecto de reconstrucción del faro del Fin del Mundo.

Hoy existen tres faros idénticos ubicados en distintas partes del globo. Uno en la isla de los Estados, levantado por Bronner en 1998 sobre el emplazamiento original del cabo San Juan, con piezas fabricadas en Francia. Otro en la costa atlántica francesa, ubicado sobre pilares, frente a la ciudad de La Rochelle, lugar natal de Bronner. Por último, junto con algunos restos del faro original, se puede contemplar una maqueta a escala real en el Museo Marítimo de Ushuaia. A escasos metros de este faro del Fin del Mundo, en una vitrina situada en el hall de la biblioteca, se encuentra uno de los dos únicos ejemplares que se conservan de la primera edición de la novela de Julio Verne.

PLANO FOCAL DE LA LUZ

27

Faro de San Juan de Salvamento

Océano Atlántico

América del Sur

54° 43′ 56′′ S
63° 51′ 25′′ O

Construcción: 1884
Encendido: 1884
Desactivado: 1902
Reconstruido: 1998
Automatizado: 1998
Activo
Torre octogonal de madera
Altura de la torre: 6,5 m
Altura del plano focal: 70 m
Luz característica:
dos destellos blancos de 3 s cada 15 s

Diez años antes del nacimiento del faro de San Juan, en un lugar próximo, el marino argentino Luis Piedrabuena fundó un refugio para ayudar a los barcos en peligro de naufragio. Logró rescatar a 146 personas.

En *La Australia Argentina* (1898), el escritor Roberto J. Payró describe la isla de los Estados o Chuanisin —isla de la abundancia en el idioma de los nativos patagones— como un presidio natural y una tumba de navíos.

LA LÍNEA DEL NIVEL DEL MAR ESTARÍA SITUADA POR DEBAJO DE ESTA PÁGINA

8000 m
TRECHO DE LE MAIRE
Isla Observatorio
Año Nuevo
Elizalede
San Juan
Cabo San Antonio
Bahía Flinders
Isla de los Estados
Bahía York
Punta Ventana
Isla Barrionuevo
Islote Alexander
Bahía Franklin
Cabo San Bartolomé
OCÉANO ATLÁNTICO SUR
ARGENTINA

28 Faro de Smalls

Rocas de Smalls, Marloes, Pembrokeshire, Gales (Reino Unido)

Sobre las serpenteantes aguas de Gales hubo una vez un faro construido con la delicadeza con que se ensambla un violín. Henry Whiteside, fabricante de instrumentos musicales de Liverpool, asentó una linterna alzada por nueve pilares de roble sobre una roca, de forma que las olas atravesaran su estructura y se dejaran morir treinta kilómetros más allá, al tocar la costa.

En 1777, cuando las obras estaban a punto de concluir, el lutier se quedó retenido en el faro, atrapado por intensos vendavales. Casi sin agua y sin provisiones, y tal vez mientras tañía las melancólicas cuerdas de su violín, arrojó al mar tres botellas con un desesperado mensaje: *Señor, estando ahora en una condición sumamente peligrosa y angustiada sobre los Smalls, confío en que la Providencia le hará llegar este aviso, y ruego su ayuda inmediata para sacarnos de aquí antes de la próxima primavera o temo que todos perezcamos....*

Para su fortuna, al menos una de las botellas fue hallada a tiempo y pudo ser rescatado antes de que el encierro acabara en tragedia.

El aislamiento sufrido por los fareros de Smalls era tan extremo que veinte años después sucedió otra desdicha. Un día de 1801, la señal de socorro ondeó sobre la torre. Pero durante cuatro meses un prolongado temporal impidió la ayuda. En la costa, las familias de los guardianes estaban angustiadas y, noche tras noche, se acercaban a los acantilados de Pembrokeshire para otear el horizonte. La bandera de alarma permanecía en lo alto, sin embargo, la luz no dejaba de brillar.

En el faro, a pesar de sus disputas sobradamente conocidas, se encontraban solos los guardianes Thomas Griffith y Thomas Howell. Griffith había fallecido en circunstancias poco claras. Y Howell, que había tratado de ayudarlo, tenía un dilema: si arrojaba el cuerpo al mar era probable que lo acusaran de asesinato. Así que construyó un improvisado ataúd para su compañero y lo acomodó en un rincón de la sala. Howell, a la espera de un barco de ayuda, compartió habitación con el difunto durante varios días, pero cuando el hedor de la descomposición se hizo insoportable, amarró la caja a unas cuerdas y la sacó al exterior. Azotadas por los vendavales y golpeadas constantemente contra el faro, las maderas cedieron. Griffith, como un contorsionista, quedó enganchado entre las cuerdas con la mitad de su cuerpo fuera del ataúd. Howell, aunque cerrase los ojos, no podía dejar de presenciar la funesta escena: la mano del cadáver, agitada por el viento, parecía saludarlo.

Finalmente, después de tortuosas semanas, Howell fue socorrido. Al llegar a tierra, su estado mental y físico era tan lamentable que algunos de sus allegados no pudieron reconocerlo. Se dice que Howell nunca más se acercó a un faro.

28

Faro de Smalls

Mar Céltico

Océano Atlántico

Europa

51° 43′ 16′′ N

05° 40′ 11′′ O

Ingenieros: Henry Whiteside (1776) y James Walker (1861)
Construcción primer faro: 1776
Construcción actual: 1861
Automatizado: 1987
Activo
Torre cilíndrica de piedra
Altura de la torre: 41 m
Altura del plano focal: 36 m
Alcance de luz: 18 mn
Luz característica:
tres destellos blancos cada 15 s

El faro actual fue construido bajo la dirección de James Walker, con un diseño basado en la torre Eddystone. En 1978 se erigió un helipuerto sobre la linterna y la luz se automatizó en 1987.

La tragedia de Smalls ha inspirado varias obras de cine contemporáneo. *The Lighthouse* (2016) de Chris Crow está basada en la historia y Robert Eggers, director de *The Lighthouse* (2019), redacta el guion de su película después de documentarse sobre el incidente ocurrido en el faro galés.

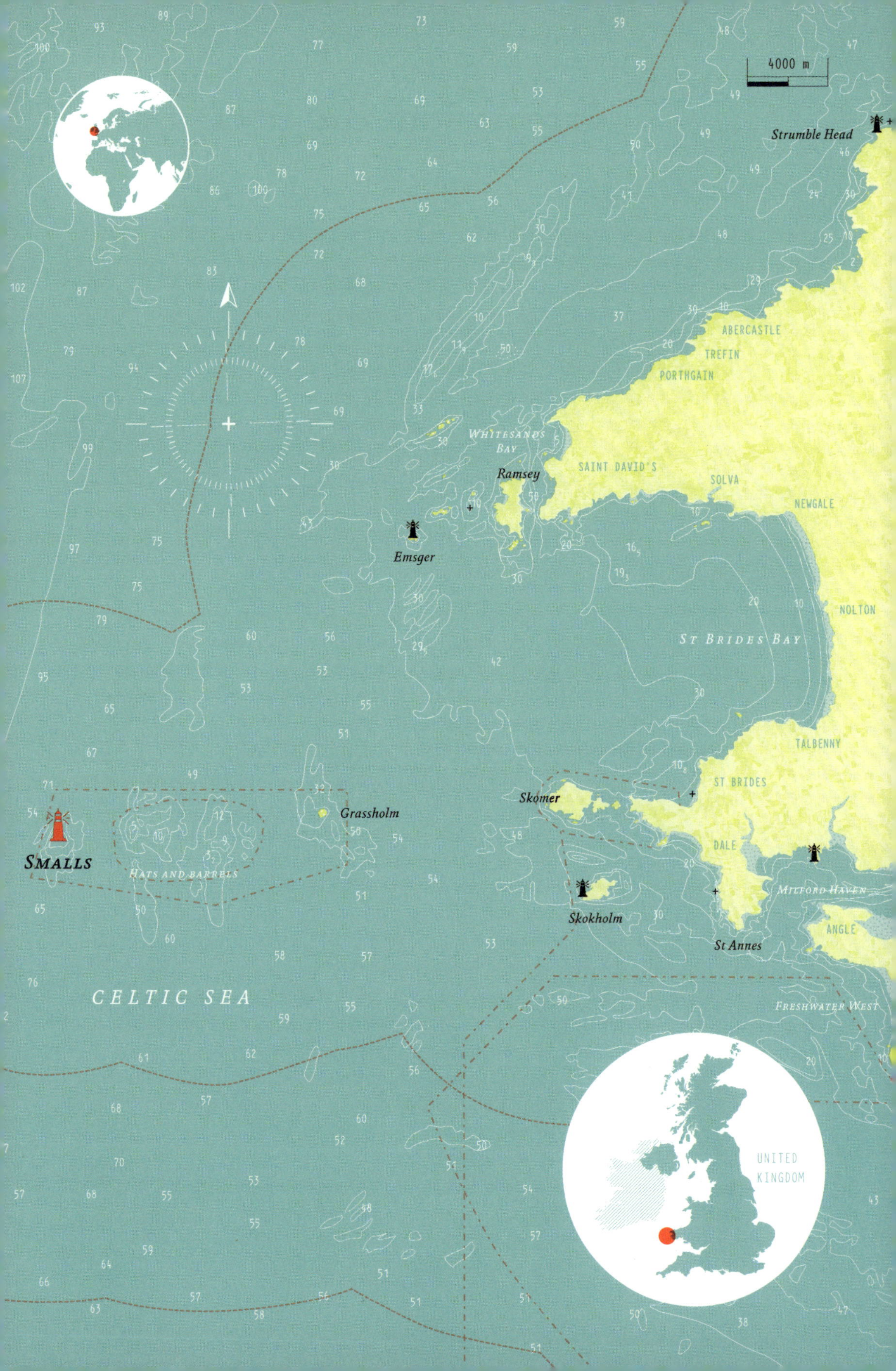
4000 m
Strumble Head
ABERCASTLE
TREFIN
PORTHGAIN
WHITESANDS BAY
Ramsey
SAINT DAVID'S
SOLVA
NEWGALE
Emsger
NOLTON
ST BRIDES BAY
TALBENNY
Skomer
ST BRIDES
Grassholm
SMALLS
HATS AND BARRELS
DALE
MILFORD HAVEN
Skokholm
ANGLE
St Annes
CELTIC SEA
FRESHWATER WEST
UNITED KINGDOM

29

Faro de Stannard Rock

Stannard Rock, Lago Superior, Marquette, Michigan (EE. UU.)

El faro más solitario de Norteamérica nunca ha tocado el mar. Ha soportado olas de más de nueve metros de altura, capas de hielo de más de tres, y vientos tan fuertes que obligaron a sus guardianes a atarse con cuerdas para no volar. Pero su luz no ha iluminado más que agua dulce.

En la inmensidad del lago Superior —una extensión tan grande como Austria— se esconde una montaña subacuática. Apenas aflora un metro de la superficie, a más de cuarenta kilómetros de ningún lugar. En 1835, el capitán Charles Stannard se la encontró de improviso y el miedo le sacudió el cuerpo como si se hubiese cruzado con un fantasma. Años después, cuando las rutas comerciales se expandieron por los Grandes Lagos, una luz se encendió allí para marcar el peligro. Fue un logro arduo y costoso; se necesitaron veinte años de discusiones y cinco más de obras para completar el faro.

En Stannard Rock el calendario avanzó con su propio ritmo. El guardián Edward Chambers y sus tres asistentes no tuvieron noticias de la victoria de Theodore Roosevelt hasta cinco semanas después de las elecciones presidenciales de 1904. Ese mismo invierno, el barco destinado a trasladarlos a tierra se retrasó un mes a causa del hielo. Cuando arribó en Stannard Rock, los cuatro hombres, desesperados y sin provisiones, estaban a punto de emprender un viaje suicida a través del lago helado, en un pequeño bote.

Años después, una emisora de radio se instaló en la roca y consiguió mitigar la nostalgia de los fareros. Las ondas cortas levantaban sobre el agua un puente de palabras hasta sus compañeros del faro de Marquette. Éstos últimos, asentados en tierra, leían para los guardianes aislados cartas de sus esposas, telegramas de la guardia costera y artículos de periódico que los acercaban al mundo.

Un suceso trágico marcó el devenir de Stannard Rock. La noche del 18 de junio de 1961 una terrible explosión alimentada por cuatro mil litros de gasolina y propano sacudió los depósitos del faro. Walter Scobie se encontraba durmiendo en el piso de arriba y salió despedido de su litera. Oscar Daniel —un operario de mantenimiento que había llegado el día anterior— quedó atrapado bajo una puerta. Richard Horne, al ver cómo el bote salvavidas quedaba a la deriva, se arrojó al agua para intentar, sin éxito, recuperarlo. El guardián William Maxwell tuvo peor suerte y falleció en el acto. El rompehielos *Woodrush* logró alcanzar el faro tres días más tarde. No pudieron acceder a la torre debido al intenso humo, pero encontraron a tres hombres acurrucados bajo una lona. Los guardianes habían sobrevivido en el muelle gracias a un tarro de kétchup y dos latas de frijoles.

Aunque el faro fue reparado, nadie volvió a habitar Stannard Rock. La estación más solitaria de Norteamérica quedó aún más desolada.

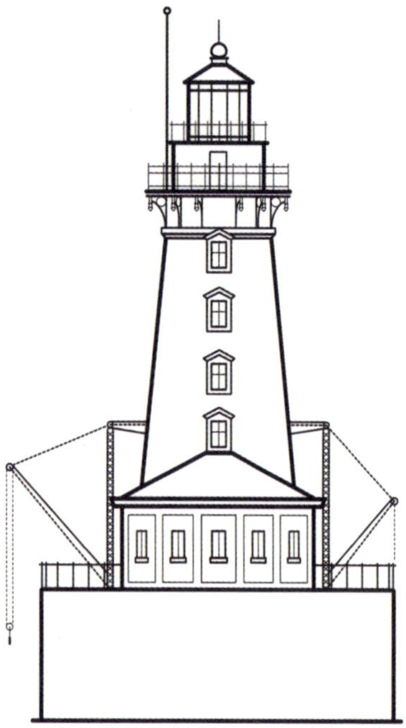

29

Faro de Stannard Rock

LAGO SUPERIOR

AMÉRICA DEL NORTE

47 ° 11′ 00′′ N

87° 13′ 30′′ O

Ingeniero: Orlando Metcalfe Poe
Construcción: 1877-1883
Encendido: 1883
Automatizado: 1962
Activo
Torre de piedra caliza
Altura de la torre: 30 m
Altura del plano focal: 31 m
Alcance de luz: 18 mn
Luz característica:
un destello blanco cada 6 s

El récord del servicio más largo en Stannard Rock pertenece a Elmer Sormunen, quien desempeñó su oficio como asistente durante veintiún años seguidos hasta su jubilación en 1957.

Trabajar como guardián en Stannard Rock era peligroso, pero tenía alguna que otra ventaja. El arrecife es uno de los mejores lugares de América para la pesca de trucha.

4000 m
STANNARD ROCK
SUPERIOR LAKE
Bay Point
endence
Granite Point
Garlic Island
Granite Island
Thoneys Point
GREAT LAKES
UNITED STATES

30 Faro de la isla de Stephens

Takapourewa o Isla de Stephens, Marlborough (Nueva Zelanda)

A David Lyall le gustaba la soledad. Cuando le comunicaron que había sido destinado como farero en una isla deshabitada, sonrió. Se imaginó en una pequeña porción de tierra casi inexplorada identificando especies de aves, insectos y plantas. La naturaleza le había interesado desde muy joven y había logrado instruirse gracias a los pocos libros de Historia Natural que habían caído en sus manos.

La isla de Stephens o Takapourewa se alza en el extremo Norte de Malborough. A pesar de encontrarse a poco más de dos kilómetros de la costa había permanecido inalterada debido a su difícil acceso. El faro se erigió allí para guiar la navegación en las turbulentas aguas del estrecho de Cook y fue, en su origen, la luz más elevada y potente de Nueva Zelanda.

Lyall se instala en el faro acompañado de su esposa y su hijo. Con ellos llega la gata Tibbles que es, en realidad, la protagonista de esta historia. Tibbles está preñada y vaga libremente por la isla. Cada vez que regresa al faro, obsequia a sus dueños con cadáveres de un curioso pájaro. Lyall comienza a interesarse por los singulares cuerpos de las aves y, a pesar de sus escasos conocimientos de taxidermia, logra conservar algunos ejemplares. Incapaz de identificarlos y con la corazonada de que se encuentra ante un hallazgo importante, envía un ejemplar a Walter Buller, un ornitólogo neozelandés que lo registra como una especie no descrita. El descubrimiento atrae la atención de la comunidad ornitológica. Lionel W. Rothschild, famoso zoólogo y banquero británico, solicita que le envíen varios ejemplares. El ave es catalogada por Rothschild —no sin cierta polémica— como una nueva especie, *Xenicus Lyalli*, perteneciente a la familia *paseriforme*. Pero mientras la taxonomía desempeñaba su papel, en la isla, la presencia del pájaro es cada vez más escasa. Se comienza a sospechar que la creciente familia de gatos y, tal vez, las actividades de algunos naturalistas para conseguir ejemplares están diezmando su población. Había transcurrido poco más de un año desde la puesta en marcha del faro cuando *The Press*, el periódico de Christchurch, sentencia: *Hay buenas razones para creer que el pájaro ya no se encuentra en la isla y aunque aparentemente está extinto se desconoce si se encuentra en algún otro lugar. Es casi seguro que esta sea la hazaña récord de todos los métodos de extinción.*

Antes de la llegada de la gata Tibbles ningún otro mamífero predador había pisado la isla. En 1899 el nuevo guardián del faro disparó contra más de cien gatos salvajes, pero tuvieron que pasar veintiséis años más para poder declarar la isla oficialmente libre de felinos. Probablemente Lyall fue uno de los pocos humanos que vio al ave de la isla de Stephens con vida. Según el farero, su comportamiento se parecía más al de un ratón que al de un pájaro. El *Xenicus Lyalli* era incapaz de volar.

30

Faro de la isla de Stephens

Estrecho de Cook

Océano Pacífico

Oceanía

40° 24′ 00′′ S

174° 00′ 00′′ E

Construcción: 1891-1894
Encendido: 1894
Automatizado: 1989
Activo
Torre de hierro fundido
Altura de la torre: 15 m
Altura del plano focal: 183 m
Alcance de luz: 18 mn
Luz característica:
un destello blanco cada 6 s

La isla de Stephens tiene un difícil acceso. El suministro de materiales y los reemplazos de fareros se realizaban mediante una grúa que los transfería del barco a tierra. En 1989 los guardafaros fueron retirados del servicio y en el 2000 la luz original se sustituyó por una nueva baliza giratoria controlada remotamente.

Hoy, los residentes más conocidos de Stephens son los tuátaras. La isla es un refugio controlado para este raro reptil casi extinguido.

Plano focal de la luz

La línea del nivel del mar estaría situada por debajo de esta página

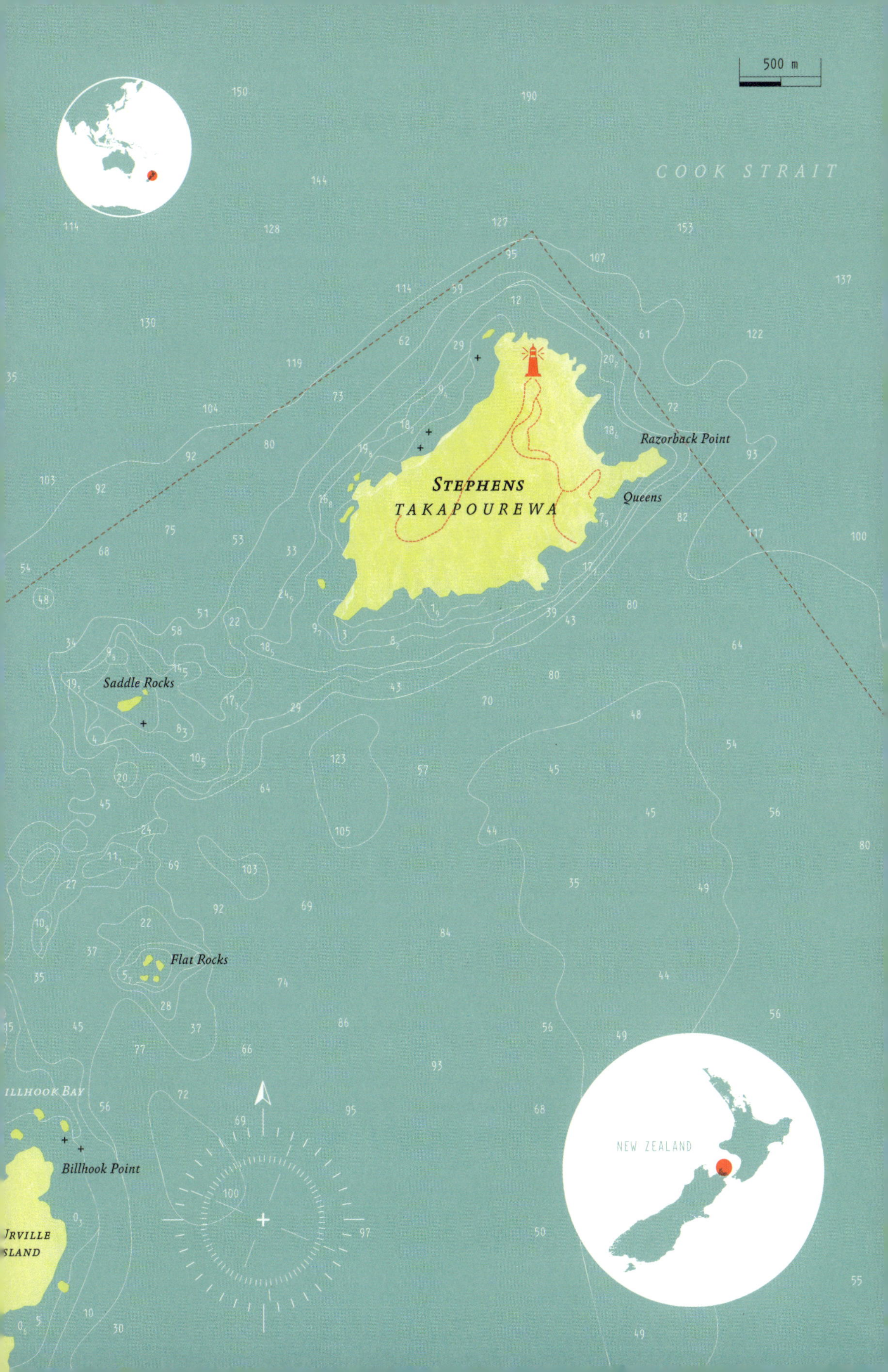

500 m
COOK STRAIT
Razorback Point
STEPHENS
TAKAPOUREWA
Queens
Saddle Rocks
Flat Rocks
ILLHOOK BAY
Billhook Point
URVILLE
SLAND
NEW ZEALAND

31

Faro de Svyatonossky

Svyatoy Nos, Óblast de Múrmansk (Rusia)

Según el reglamento de 1875 aprobado por el zar Alejandro II para el reclutamiento de guardafaros en el mar Blanco, el cuidador debía estar familiarizado con las duras condiciones de vida en las costas del Norte, ser competente, disciplinado, dotado de buena moral y una salud capaz de soportar las dificultades del servicio. Además, era imprescindible dominar el funcionamiento del faro y del equipo meteorológico, así como poseer conocimientos elementales de medicina e higiene.

En los albores del siglo xx, Bagrentsev perdió la vista. Primero encontró dificultades para escribir en el libro de registro, más tarde notó que le costaba distinguir sobre el horizonte los barcos que cambiaban de rumbo desde el mar de Barents hacia la península de la *Nariz Santa* y, finalmente, se percató de que apenas podía distinguir la mecha de las lámparas. Pero Bagrentsev era un hombre tenaz. Llevaba muchos años desempeñando su oficio y conocía al detalle todos los rincones del faro. Además, su esposa lo ayudaba en las tareas más complicadas. Así que lejos de solicitar su retirada y con la determinación de permanecer en su puesto, informó de la merma de sus facultades al gerente de los faros del mar Blanco, el coronel Vasiliev, quien, después de sorprenderse por las excelentes condiciones del servicio, le asignó un asistente.

La vida en el faro transcurría con normalidad hasta que en 1913 el buque del contralmirante Bukhteev arribó por sorpresa en la costa de Tersky. La noticia de que un encargado ciego se ocupaba de la luz de Svyatonossky había llegado hasta San Petersburgo. Varios oportunistas deseosos de ocupar el puesto de Bagrentsev habían enviado cartas a la Oficina Hidrográfica Principal alegando reiteradas veces que era imposible confiar el funcionamiento de esta instalación a un invidente. La inesperada visita de Bukhteev tenía como objetivo comprobar si estas afirmaciones estaban justificadas. Tras una ardua inspección, el contralmirante anotó en el informe: *Aun estando ciego, Bagrentsev está seriamente comprometido con su trabajo y muestra una gran destreza al desempeñar su oficio. Posee una especial habilidad para detectar cualquier anomalía en el funcionamiento de la luz o desorden en la máquina de rotación. Con ayuda de su esposa y su asistente, quien efectúa las observaciones meteorológicas, tiene la capacidad de dirigir adecuadamente todas las cuestiones relacionadas con el faro. Es justo que se le otorgue una recompensa por tantos años de buena prestación.*

El farero ciego desempeñó su labor hasta los inicios de la revolución rusa, para después otorgarle a su hijo el testigo del faro. Por aquella época, Nicolás II, el último de los zares, ya no tuvo tiempo de ocuparse de los faros del mar Blanco.

PLANO FOCAL DE LA LUZ

31

Faro de Svyatonossky

Mar de Barents
y Mar Blanco
Europa

68° 08′ 01′′ N
39° 46′ 02′′ E

Construcción: 1862
Encendido: 1862
Automatizado: 2002
Activo
Torre piramidal octogonal de madera
Altura de la torre: 22 m
Altura del plano focal: 94 m
Alcance de luz: 22 mn

Tras la construcción del faro de Svyatonossky fueron asignados para su mantenimiento un farero jefe y seis ayudantes. Las condiciones de este destino, situado por encima del círculo polar ártico, eran particularmente extremas y durante los dos primeros inviernos casi todo el personal de servicio falleció a causa del escorbuto.

Sin embargo, su último farero, Mikhail Ivanovich Gorbunov, comenzó la tarea de guardián en 1966 y logró desempeñar su labor durante treinta y seis años.

LA LÍNEA DEL NIVEL DEL MAR ESTARÍA SITUADA POR DEBAJO DE ESTA PÁGINA

2000 m
БАРЕНЦЕВО МОРЕ
SVYATONOSSKY
БЕЛОЕ МОРЕ
SVYATOI NOS
STROVNOY
KOLSKI POLUÓSTROV
Ozero Iokangskoye
Reka Iokanga
ROSSÍYA
Россия

32 Faro de Tillamook Rock

Tillamook Rock, Clatsop, Oregón (EE. UU.)

El 18 de septiembre de 1879 un bote se acerca a un islote basáltico con forma de monstruo marino que emerge a unos dos kilómetros de la costa acantilada de Tillamook. A bordo viajan John R. Trewavas, maestro albañil de Portland y experimentado constructor de faros, junto a su ayudante, un marinero apodado Cherry. Trewavas debe inspeccionar el islote y seleccionar la mejor ubicación para levantar un faro. Pero Tillamook Rock no se dejaría conquistar fácilmente. En su intento por alcanzar la roca, Trewavas resbala y es arrastrado por el oleaje. Aunque Cherry se lanza al agua en su auxilio no logra rescatarlo. El cuerpo de Trewavas nunca será recuperado.

Un año antes, el Congreso había destinado cincuenta mil dólares para la construcción de un faro de primer orden con el objetivo de facilitar la navegación en la accidentada costa Norte de Oregón. Nadie supo predecir entonces que su coste final acabaría siendo más del doble de lo previsto.

Un farero jefe y cuatro asistentes fueron encargados de velar por el funcionamiento de Tillamook Rock. Permanecían tres meses en su puesto y disponían de dos semanas libres en tierra. Pero el aislamiento en las pequeñas dependencias, las frecuentes tormentas y la continua niebla hacían mella en su estado físico y mental y, aunque los periodos de trabajo en el faro se acortaron, comenzaron los episodios de tensión entre los cuidadores.

El primer farero, Albert Roeder, resistió cuatro meses antes de presentar su renuncia. Algunos jefes enfurecidos se comunicaban con sus ayudantes a través de notas que les pasaban a la hora de la cena para evitar hablar con ellos. Según un periódico local, el guardia Bjorlin fue retirado del servicio después de intentar acabar con la vida del encargado colocando cristales molidos en su comida. Otro ayudante fue evacuado en agosto de 1906 debido a que *sufría extremo nerviosismo y un posible trastorno mental*. El faro ya era conocido como *el terrible Tilly*.

Setenta y ocho años después de su puesta en marcha, la luz de Tillamook Rock se apaga; el faro se sustituye por una baliza sonora y la roca pasa a manos privadas. En 1980 es adquirida por cincuenta mil dólares —curiosamente la misma cifra que cien años atrás se había asignado para la construcción del faro— por la promotora inmobiliaria Mimi Morissette, que transforma este lugar en el *Eternity at Sea Columbarium*, un singular depósito de cenizas en alta mar. El proyecto se paraliza por cuestiones legales, pero una treintena de urnas permanecen depositadas en las dependencias del faro, incluidas las de los padres de Morissette. Tal vez, no muy lejos, los restos mortales de John Trewavas yacen ocultos en las profundidades de la roca.

32

Faro de Tillamook Rock

OCÉANO PACÍFICO

AMÉRICA DEL NORTE

45° 56′ 15′′ N
124° 01′ 08′′ O

Construcción: 1880
Encendido: 1881
Desactivado: 1957
Torre de mampostería de basalto, ladrillo y hierro.
Altura de la torre: 19 m
Altura del plano focal: 41 m
Alcance de luz: 18 mn
Lente original: Fresnel 1er orden

Unos días antes de que la luz del faro entrara en servicio, la embarcación *Lupatia*, en medio de una densa niebla, fue arrastrada por fuertes vientos hacia la costa. Los trabajadores del faro escucharon las voces de los marineros y se apresuraron a hacer señales con sus linternas. A pesar de ello, a la mañana siguiente, los cuerpos sin vida de la tripulación de la *Lupatia* fueron encontrados en las playas de Tillamook Head. Solo hubo un superviviente: el perro del barco logró nadar hasta la orilla.

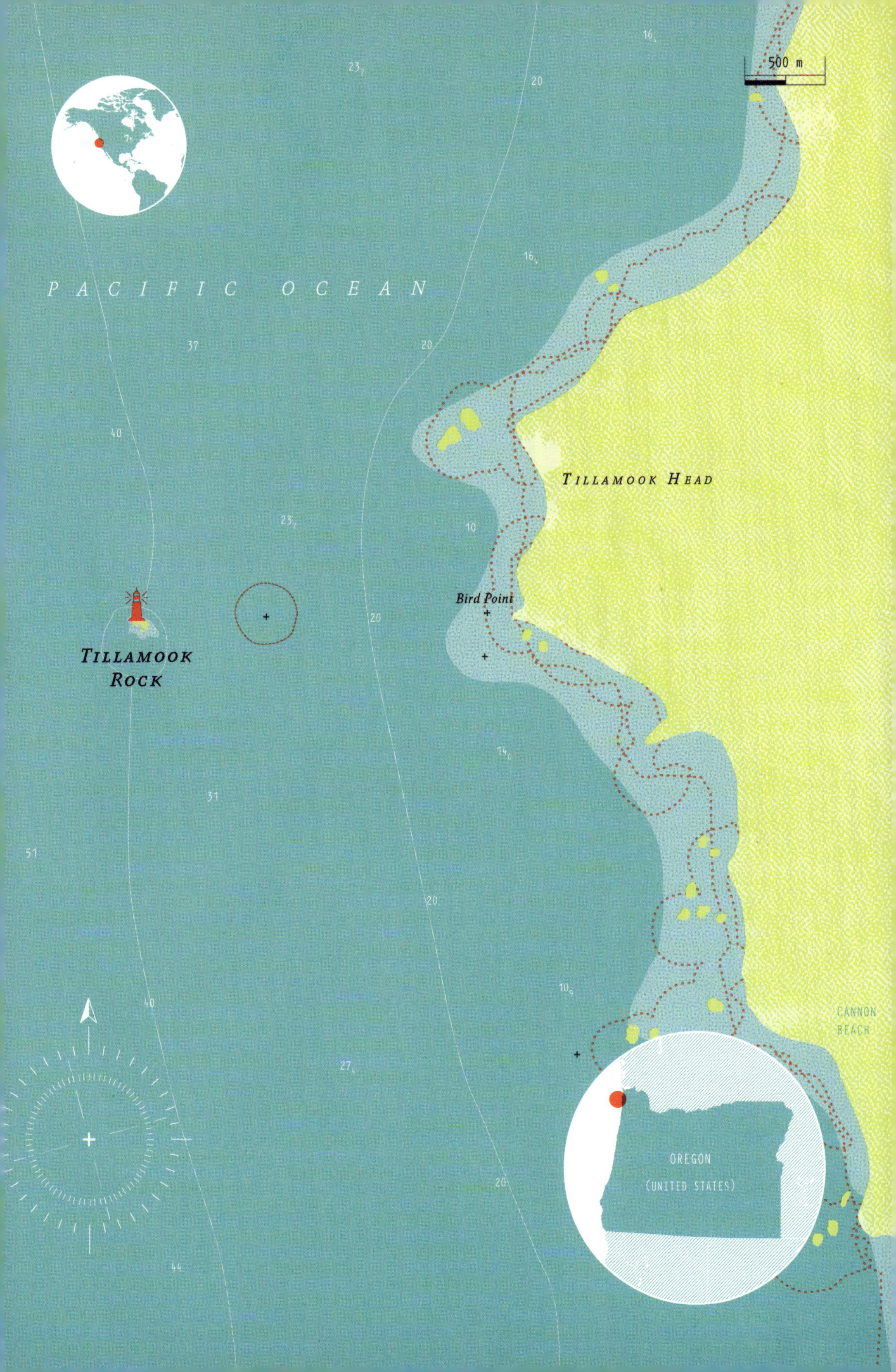
500 m
PACIFIC OCEAN
TILLAMOOK HEAD
Bird Point
TILLAMOOK ROCK
CANNON BEACH
OREGON
(UNITED STATES)

33 Faro de la Vieille

Roca Ar Gorle Bella, Punta de Raz, Plogoff, Finisterre (Francia)

Dos mutilados de guerra corsos, Mandolini y Ferracci, son destinados como ayudantes a la Vieille, un faro asentado sobre la roca *Ar Gorle Bella* —del bretón, *la piedra más alejada*— frente a la punta de Raz.

Mandolini tiene miedo al mar, un pulmón perforado y la movilidad mermada en uno de sus brazos. Ferracci convive con una bala alojada en su cuerpo y tiene dificultades para ascender los ciento veinte escalones que suben a la linterna. En cuanto comprenden que sus maltrechos cuerpos no pueden soportar las duras condiciones de este desolado lugar, piden el traslado. Sus reiteradas solicitudes, a pesar de estar avaladas por informes médicos, son denegadas.

Al término de la Primera Guerra Mundial, el Estado francés favoreció la reinserción profesional de los numerosos discapacitados ocasionados por la contienda. Una ley de 1924 establecía una lista de *empleos reservados* para estos fines entre los que se encontraban los guardias de parques, los carteros o los vigilantes de museos. La administración incluyó también la actividad de farero, presumiendo, tal vez, que se trataba de una tarea apacible.

En diciembre de 1925 el guardián principal está de permiso y los dos ayudantes corsos se encuentran solos en el faro. Es entonces cuando se desata un fuerte y prolongado temporal sobre la costa francesa. Aislados durante semanas, exhaustos y sin provisiones, Mandolini y Ferracci izan la bandera negra para pedir auxilio. Pero la ayuda no llega; el oleaje es tan intenso que ningún barco consigue aproximarse al faro.

La madrugada del 19 de febrero de 1926 la goleta *Surprise* encalla en los cercanos arrecifes de Plogoff y sus ocho tripulantes perecen en el naufragio. Esa noche, la luz de la Vieille había permanecido apagada, la bocina de niebla no había funcionado correctamente y la bandera negra seguía ondeando en lo alto del faro.

Una semana más tarde, Clet Coquet, un pescador local, conduce su embarcación hasta las inmediaciones del faro. Amarrados con cuerdas, su hijo Pierre y Nicolas Kerninon —guardián del faro de Ar-Men— logran alcanzar la roca nadando en las turbulentas aguas atlánticas. Allí encuentran aún con vida, pero *negros como demonios y literalmente hechos jirones* a los dos guardafaros.

Después de que estos sucesos fueran aireados por la prensa con titulares como *Dos mutilados en el infierno*, el oficio de farero desapareció de la lista de empleos reservados para veteranos de guerra de la República Francesa.

PLANO FOCAL DE LA LUZ

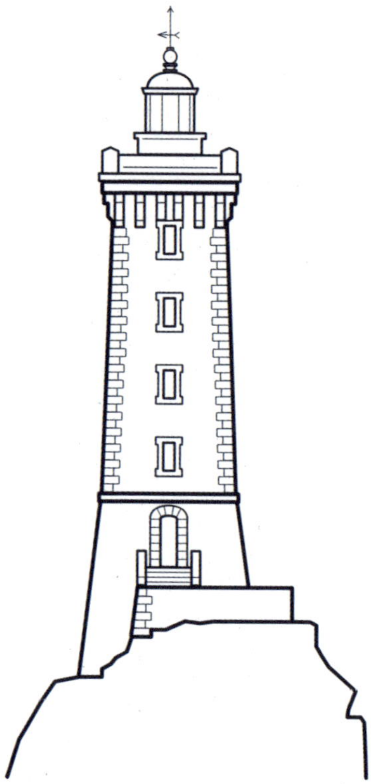

NIVEL DEL MAR

33

Faro de la Vieille

MAR DE IROISE

OCÉANO ATLÁNTICO

EUROPA

48° 02′ 26′′ N

04° 45′ 23′′ O

Construcción: 1882-1887
Encendido: 1887
Automatizado: 1995
Activo
Torre de granito
Altura de la torre: 26,9 m
Altura del plano focal: 33,90 m
Alcance de luz: 15 mn
Luz característica:
blanca, roja y verde con un grupo de dos eclipses y un eclipse cada 12 s

Como en otros faros aislados del mar de Iroise —la Jument, Ar-Men, y Kéréon— el relevo de los fareros y las labores de abastecimiento de la Vieille se realizaban mediante un sistema de cableado llamado *cartahu*. Los fareros tenían que asegurarse a un asiento que los transportaba colgados en un gimnástico vuelo del barco a la roca o viceversa. La maniobra era particularmente peligrosa por la proximidad de la embarcación a las rocas y requería gran destreza tanto por parte del piloto como de los fareros.

MER D'IROISE
500 m
Pointe du Van
KERIOLET
KERNINON
TROUGUER
Le Vorlen
RAZ DE SEIN
Baie des Trépassés
Étang de Laoual
La Vieille
Gorle Greiz
La Plate
Gorle Bella
Pointe du Raz
LESCOFF
Pointe Koummoudog
FRANCE

34 Faro de Wenwei Zhou

WENWEI ZHOU O GAP ROCK, ARCHIPIÉLAGO DE WANSHAN, HONG KONG (CHINA)

ANTES DEL ADVENIMIENTO del siglo XIX, el té chino ya era un producto altamente demandado por el Imperio británico. Aunque las relaciones comerciales entre ingleses y la dinastía Qing fueron en su comienzo amigables, pronto derivaron en una crisis. El enfrentamiento desencadenó la primera guerra del Opio y tras su conclusión en 1842, los chinos, derrotados, cedieron la isla de Hong Kong a los británicos.

AL SUR DE HONG KONG, como pinceladas verdes sobre el mar de la China Meridional, se extiende Wanshan, el archipiélago de las diez mil islas, enigmático e inabarcable. Hacia 1850, un creciente tráfico marítimo aconsejó arrojar luz sobre sus aguas. Los británicos intuyeron la necesidad de ubicar algunos faros en ínsulas pertenecientes al imperio Qing. De esta forma, ambos gobiernos estuvieron obligados a negociar la construcción y la atención de varios faros dispersos por las islas. Una consecuencia no pactada de esa colaboración derivó en una práctica habitual en la custodia de los faros de Hong Kong. Los guardianes fueron en su mayoría de origen euroasiático, generalmente hijos de padres británicos y madres chinas. De algún modo ajeno a toda política gubernamental, se implantó como una tradición de la cual los fareros se enorgullecían.

FUERZA 4. FUERZA 5. FUERZA 6. Son las mediciones de un viento poderoso al azotar un abrupto peñasco, separado de la costa por ochenta kilómetros de aguas belicosas y dibujado en el mapa del archipiélago Wanshan como la punta de una cola de mosquito posado sobre el mar. Un islote de piedra fracturado en dos que los chinos llaman Wenwei Zhou y los británicos, Gap Rock.

Sobre su fracción más elevada, la Sur, se alzó una torre con apariencia de castillo. En 1892 una luz viajó desde Suecia para iluminar los mares de Asia con fulgor escandinavo. A ojos de sus constructores esa fortaleza parecía invencible, pero pocos años después un tifón dejó el faro mutilado. Las autoridades se acercaron para evaluar los daños, pero como Wenwei Zhou carece de puerto y su asalto no es fácil, una ola arrojó a los visitantes a las aguas. Solo cuando consiguieron reparar el faro, alguien se percató de que había sido levantado en el lugar inadecuado. La parte Norte de la roca era más segura frente a los huracanes.

Pero si las tempestades no lograron extinguir la luz, sí lo hicieron las guerras. Restos de metralla y agujeros en los muros ponen en evidencia intensos combates en Wenwei Zhou durante la guerra civil china (1927-1949). Tras la contienda, el faro se mantuvo apagado más de cuarenta años, hasta que fue reparado en los ochenta. Ahora una luz automatizada señala a las embarcaciones que navegan por el Sur de China la diminuta *isla mosquito*.

34

Faro de Wenwei Zhou

Mar de la China Meridional

Océano Pacífico

Asia

21° 45′ 50′′ N

113° 56′ 16′′ E

Construcción: 1890-1892
Encendido: 1892
Desactivado: entre 1927-1949
Automatizado y reactivado: 1986
Activo
Torre de ladrillo y cemento
Altura de la torre: 24 m
Altura del plano focal: 45 m
Alcance de luz: 20 mn
Lente original de 1er orden

Una agencia de viajes de Zhuhai (China) intentó hacer del faro un destino turístico. Ofrecía excursiones a grupos reducidos para llegar en barco hasta Wenwei Zhou y pasar una noche en la isla. Tras varios intentos de realizar con éxito estos recorridos, la idea fue abandonada.

Lantau Peak
Hong Kong
香港
Tung Lung
4000 m
Hei Ling Chau
Cheung Chau
Lamma
Po toi
Waglan
Wai Lingding Dao
Sanmen Liedao
Dangan Dao
Erzhou Dao
Dangan Liedao
Wànshan Qúndao
万山群岛
Zhiwan Dao
Xidan Dao
Jiapeng Liedao
Beijian Dao
Miaowan Dao
Nán Hai
南海
Shan Zhou
Ping Zhou
Wenwei Zhou
Zhōngguó
中国
Hong Kong

Jose Luis González Macías (Ponferrada, 1973) es diseñador, escritor y editor. Durante el día trabaja por encargo para editoriales, instituciones culturales y museos; por las noches, cuando no hay ruidos que lo distraigan, se dedica a escribir y desarrollar sus propios proyectos artísticos. *Breve Atlas de los Faros del Fin del Mundo*, su primer libro, ha sido traducido a más de quince idiomas. En él muestra su curiosidad por los mapas, los atlas y los libros de viajes y su interés por contar historias a través de la palabra y la imagen. Le gusta caminar y viajar en bicicleta.

Este libro está dedicado
a quienes alguna vez
sirvieron en un faro aislado
y a las personas
que han contribuido
a recoger y transmitir
sus historias

La duodécima edición de
BREVE ATLAS DE LOS FAROS DEL FIN DEL MUNDO
se terminó de imprimir el 28 de octubre de 2025
139 años después
de la inauguración en Nueva York de
"La libertad iluminando el mundo",
más conocida como la Estatua de la Libertad,
empleada como faro hasta 1902

ESTE LIBRO, PREMIO NACIONAL AL LIBRO MEJOR EDITADO 2020, ESTÁ COMPUESTO CON TIPOGRAFÍAS DE LA FAMILIA ABSARA, IMPRESO SOBRE PAPEL FEDRIGONI ARENA DE 120 GRS Y ENCUADERNADO EN TAPA DURA FORRADA AL CROMO CON PAPEL GELTEX BLANCO NIEVE

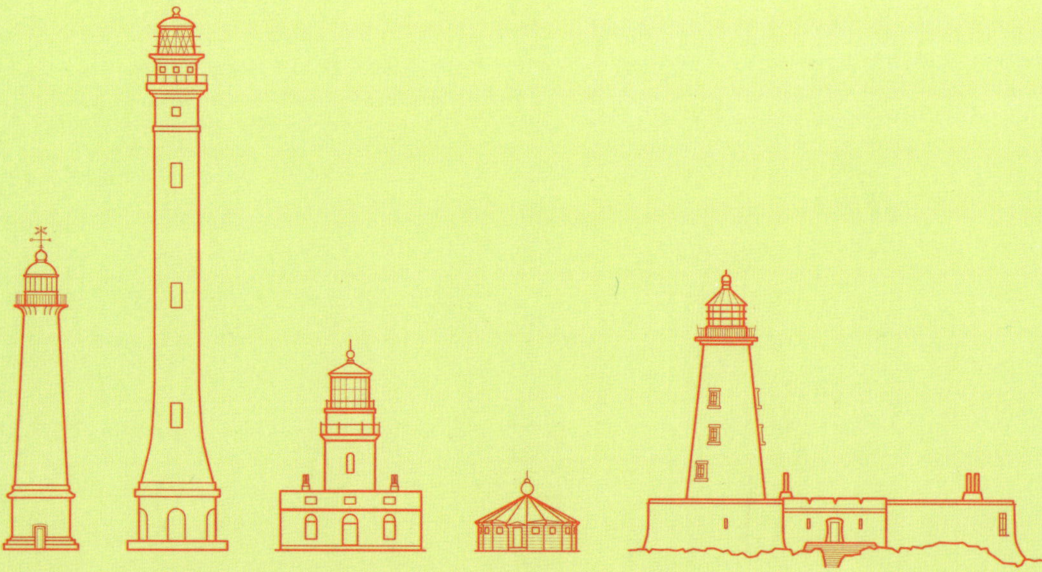